Mensch
macht
Natur

Humans
Make Nature

Edition Angewandte
Buchreihe der Universität für angewandte Kunst Wien
Book Series of the University of Applied Arts Vienna
Herausgegeben von | Edited by Gerald Bast, Rektor | Rector

edition: ˈʌngewʌndtǝ

Mensch
macht
Natur
Humans
Make Nature

Landschaft im Anthropozän
Landscapes of the Anthropocene

Gabriele Mackert, Paul Petritsch (Hg. | Eds.)

DE GRUYTER

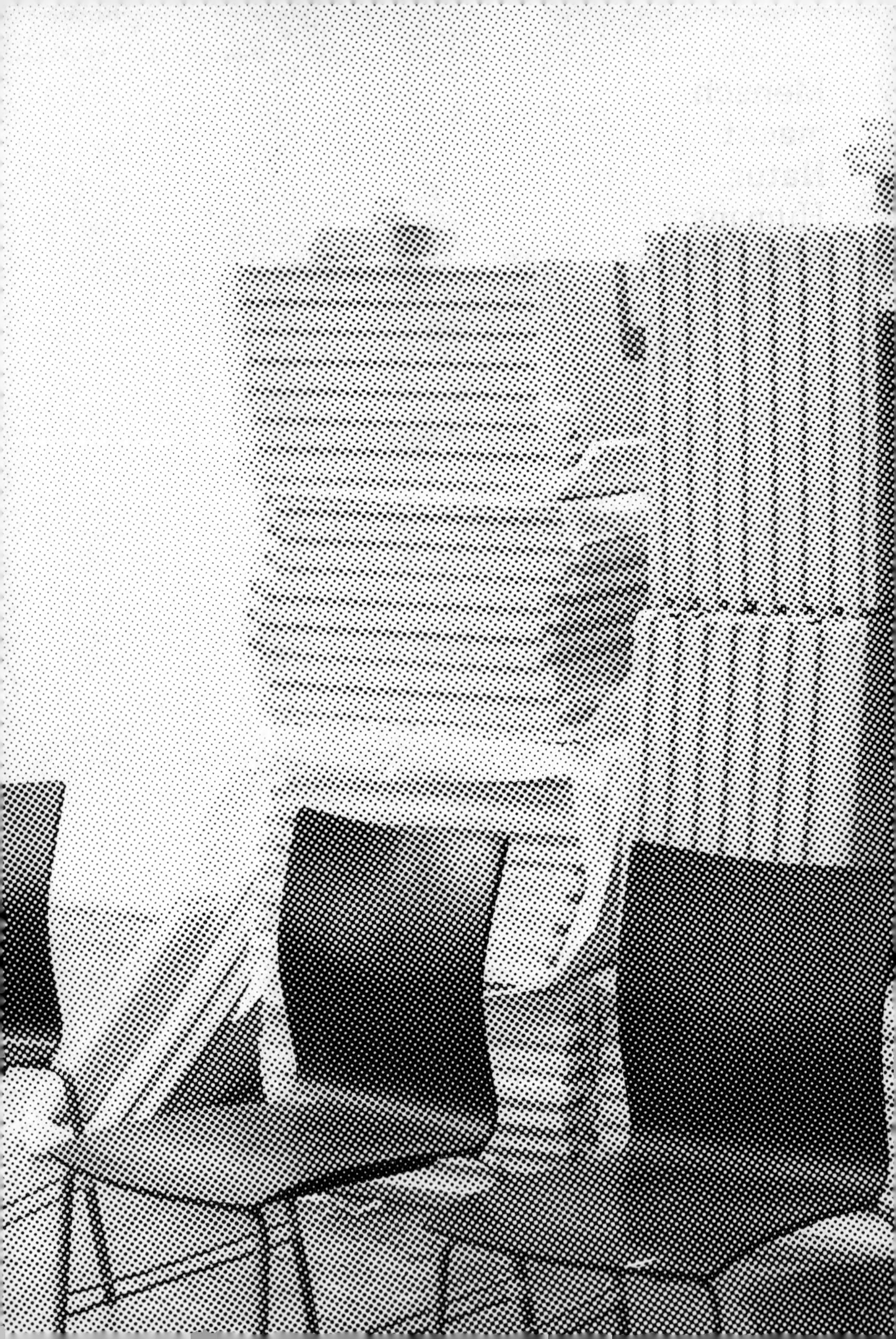

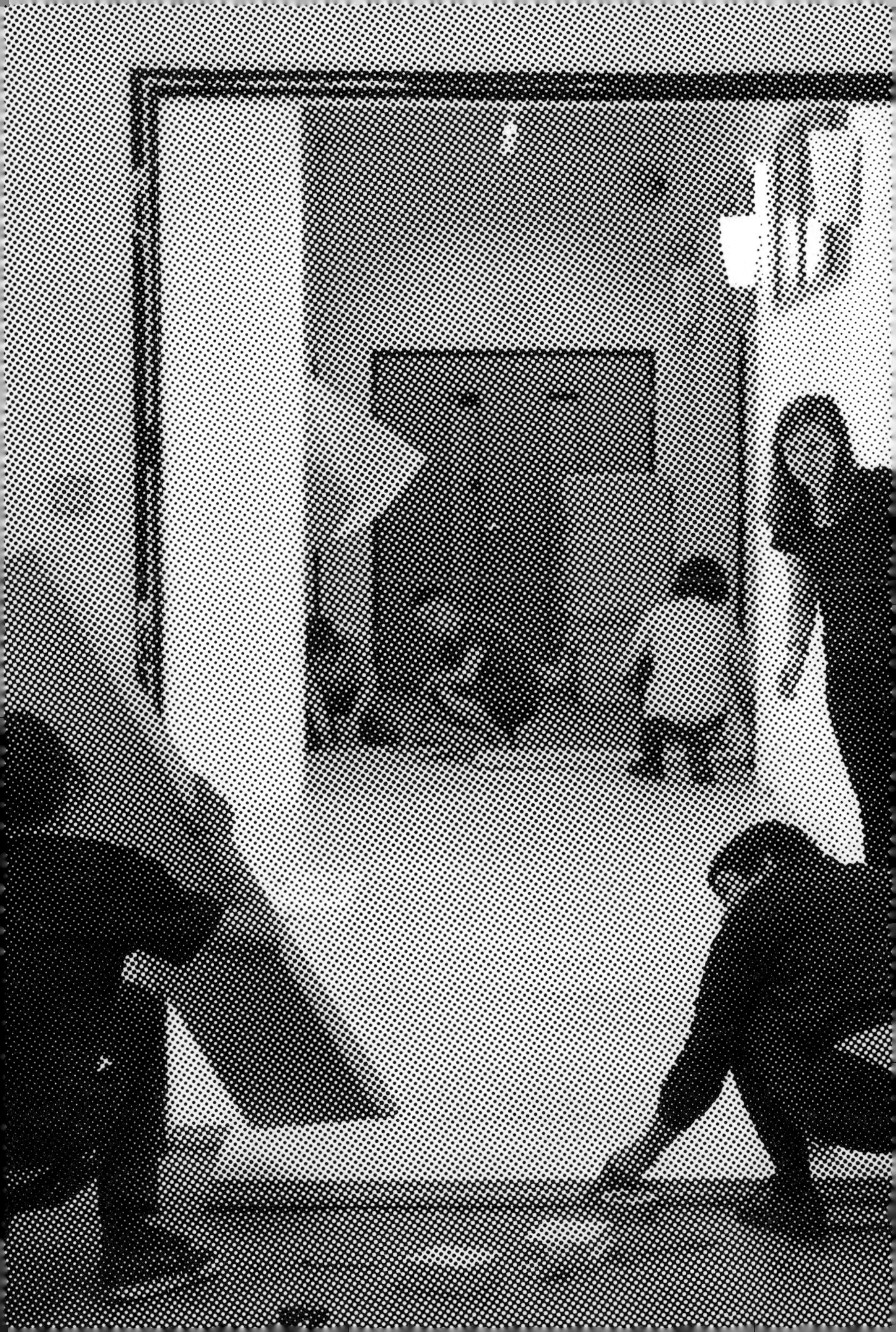

Display Runder Tisch*
145 XPS Slabs**

*   Text: Julia Mag
**   Francesca Aldegani, Christina Gruber, Natalia Gurova, Katharina Körner, Julia Mag
      145 XPS-Platten, extrudierter Polystyrol-Hartschaumstoff, Spiegelfolie, Tisch
      Mit Unterstützung von Studierenden der Abteilung Ortsbezogene Kunst.
      Projektbetreuung: Katrin Hornek, Nina Herlitschka

Abbildungen Seite 4–7/11, 125–127/131
      Aufbau Display Runder Tisch, *Mensch macht Natur. Landschaft im Anthropozän*
      Universität für Angewandte Kunst Wien; Fotos: Hanna Burkart, Nora Gutwenger

Das Anthropozän ist eine umstrittene Idee. Die künstlerische Auseinandersetzung mit diesem Thema wird den Kontroversen gegenwärtiger Debatten zwangsläufig gleichkommen oder sie sogar übertreffen. Im Fall des Displays für den Runden Tisch *Mensch macht Natur. Landschaft im Anthropozän* sollte etwas Subtiles und doch Unumgängliches geschaffen werden, ein Setting, das zum Verständnis des Anthropozäns beitragen und den Gesprächen Raum geben würde.

Das Display fungierte einerseits als Konferenzraum, andererseits war es als interaktives Kunstwerk Interpretationen gegenüber offen und zielte als solches darauf ab, das Konzept des Anthropozäns durch die Art der Interaktion, die den Konferenzteilnehmer_innen vorgegeben wurde, greifbar zu machen. Zwar waren alle üblichen Elemente eines Konferenzraumes vorhanden, doch ihre Inszenierung war eng mit den Überlegungen verknüpft, die dem als Kunstwerk gedachten Display zugrunde lagen.

Ein kleiner, mit Spiegelfolie überzogener Tisch diente als Pufferzone, um die gefühlte Barriere zwischen Publikum und Vortragenden zu verringern. Vortragende wie Zuhörende konnten sich selbst in der spiegelnden Oberfläche sehen, was ihnen ihre Rolle deutlich machte. Die Spiegelfolie und metallenen Beine des Mobiliars fungierten als visuelle Überleitung zu den gelben Hartschaumplatten (XPS—Extrudierter Polystyrol-Hartschaum) und stärkten die Einheit des Displays.

XPS besitzt zwar eine langlebige molekulare Struktur, hält Gewicht aber nicht gut Stand, sodass Schritte darauf deutliche Abdrücke hinterlassen. Stuhlbeine versinken aufgrund des Gewichts der sitzenden Person in den Bodenplatten, wodurch das unbewusste Verlagern des Gewichts oder das Zurechtrücken des Stuhls verhindert wird. Am Ende der Konferenz hatten alle Teilnehmer_innen ihre Spuren auf der nachgiebigen und nachtragenden XPS-Fläche hinterlassen. Das Display kann nun demontiert werden, und jedes Teil als Erinnerungsstück unbewussten Handelns aufbewahrt oder weggeworfen werden.

XPS hat dauerhafte und weitreichende Auswirkungen auf unsere Welt, eine Tatsache auf die wir durch das Display aufmerksam machen möchten. Das Material ist als Wärmedämmstoff für Gebäude weit verbreitet, es umgibt uns im täglichen Leben und bleibt doch unbeachtet. Das Display stellt XPS ins Zentrum und lenkt so die Aufmerksamkeit schonungslos auf jenes Material, von dem wir weltweit jährlich Millionen Tonnen verbrauchen.

Diese alarmierende Größenordnung ist umso beträchtlicher, weil
XPS über Jahrhunderte nicht biologisch abbaubar ist. In moleku-
larer Form kommt es in rapide ansteigender Konzentration in den
Ozeanen vor und gelangt über Meerestiere in die Nahrungskette.

XPS trägt den chemischen Namen Poly(1-phenylethan-
1,2-diyl). Es ist ein Nebenprodukt der Rüstungsindustrie, das
bei gewissen Anwendungen den Zink-Druckguss ersetzen sollte.
Die Herstellung von Styropor in Kugelform erfolgte erstmals 1931
in Deutschland, seine Erfindung wird allerdings der amerikani-
schen Firma Dow Chemical zugeschrieben. XPS ist entflammbar
und wurde als krebserregend eingestuft. Daher ist seine Verwendung umstritten.

1   Chemische Struktur der Polymerisation von Styrol zu Polystyrol

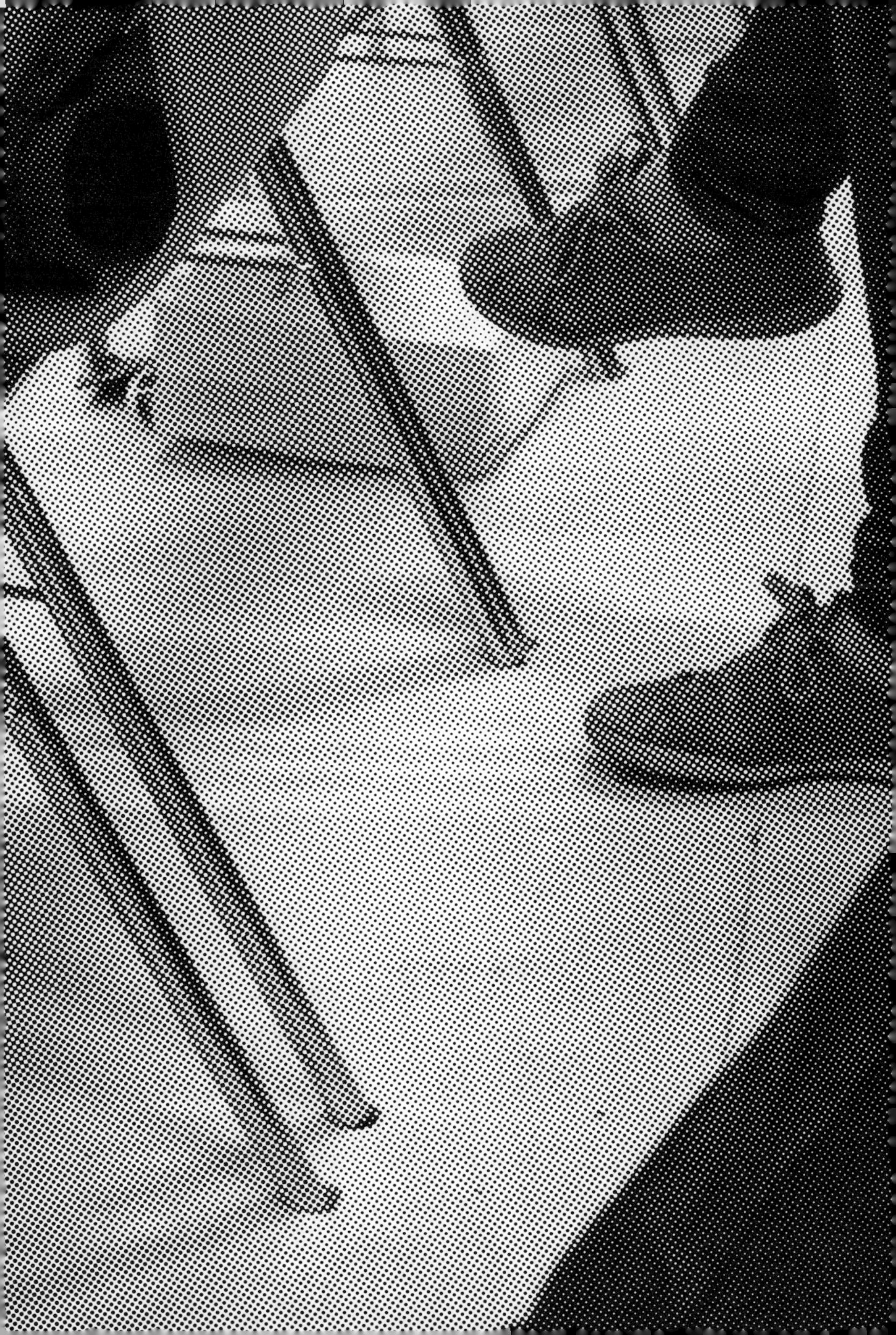

Mensch macht Natur
Humans Make Nature

Landschaft im Anthropozän
Landscapes of the Anthropocene

INHALT | CONTENTS

Gerald Bast[*]

Der Mensch im Anthropozän braucht die Erkenntnisfunktion der Kunst

[*]   Rektor der Universität für angewandte Kunst Wien

In einer Welt, die wie zu keiner Zeit vorher nur durch das Handeln des Menschen dramatisch verändert wurde, in der der Mensch selbst zur Naturgewalt geworden ist, wird das Hinterfragen, Dekonstruieren und Desillusionieren vorgeblich zwingender und alternativloser Realitätsverläufe von existenzieller Bedeutung.

Edward Wilson, einer der bedeutendsten Evolutionsbiologen unserer Zeit, erklärt uns in seinem Opus magnum *Die soziale Eroberung der Erde*[1], dass Kunst – und zwar die Produktion von Kunst ebenso wie ihre Rezeption – ein essenzielles Element der menschlichen Evolution war und ist. Der Mensch im Anthropozän braucht die Erkenntnisfunktion der Kunst mindestens so sehr, wie sie der steinzeitliche *Homo sapiens* ganz offensichtlich nötig hatte.

Ähnlich wie in der Renaissance, als der vernunftgeleitete Mensch als selbstbewusster Weltgestalter in Konkurrenz zum Schöpfergott trat, stehen wir heute wieder vor dramatischen Umwälzungen in unserer Weltsicht und in unserem Vertrauen auf die Zukunft. Nicht zuletzt geht es um die Schaffung von neuen Narrativen und Bildern als Grundlage für die Entwicklung von Ideen. Ideen und nicht Produkte waren und sind die Leuchttürme in bewegten Zeiten. Und wieder wird die Kunst dabei eine Schlüsselrolle spielen.

Wie sehr verändern die Auswirkungen von Erderwärmung und globalen Migrationsbewegungen Landschaft und öffentlichen Raum als menschliche Wohn- und Kulturräume? Welche neuen Dimensionen von Raumverständnis können die Erkenntnisse der Quantenphysik der menschlichen Wahrnehmung erschließen? Welche Auswirkungen hat die digitale Revolution auf den öffentlichen Raum und die Biotechnologie auf die Natur? Wie gilt es an der Weiterentwicklung oder gar Neudefinition von für das menschliche Leben so zentralen Begriffen wie Öffentlichkeit, Raum, Natur und deren Bezug zu Freiheit zu arbeiten? Diese Fragestellungen können nicht ausschließlich aus ökonomischer, philosophischer oder technologischer Perspektive beantwortet werden. Die Komplexität sowie die potenziellen Wirkungszusammenhänge dieser Themen sind in ihrer Multidimensionalität mit herkömmlichen wissenschaftlichen Methoden kaum zu erfassen.

Nach Herbert Marcuse ist die Welt der Kunst die eines anderen Realitätsprinzips, in der es um Verfremdung geht. Als

Verfremdung erfüllt die Kunst eine Erkenntnisfunktion; sie spricht Wahrheiten aus, die in keiner anderen Sprache auszusprechen sind.[2] Es sind die hinter dem künstlerischen Akt der Transformation und Translokation von Wirklichkeit stehenden Ideen, die Bedeutung und Wirkungsmacht erlangen. Bilder welcher Art auch immer, mögen sie zwei- oder dreidimensional sein oder aufgrund performativer Akte erst im Kopf entstehen, sind oft mächtiger als die Wirklichkeit selbst.

Trotz – oder vielleicht gerade wegen – der im letzten Jahrhundert erfolgten dramatischen Vermehrung von Wissen leben wir in einer Zeit, die wie keine zuvor geprägt ist von Ungewissheit und Verunsicherung. Die allgegenwärtige Ambiguität und Komplexität unserer Lebenswirklichkeit verlangen nach einem produktiven Umgang mit dem Bewusstsein von Ambivalenz und Unsicherheit. Wo das nicht möglich ist, bekommen jene die Oberhand, die scheinbar einfache, aber in den Totalitarismus führende Lösungen anbieten. Hier bedarf es disruptiver Energien, um aus eingefahrenen Denk- und Analysemustern auszubrechen. Energien, wie sie der Kunst zugeschrieben werden. Der Prozess der Zivilisation ist in erster Linie ein kultureller. Auch wenn technologische und wirtschaftliche Innovationen imstande sind, neuartige Wirkungsmechanismen in Gang zu setzen und neue Perspektiven zu öffnen, letztlich und langfristig entscheidet deren kulturelle Einbettung und Transformation über ihren Einfluss auf die menschliche Zivilisation. Wenn es gelingt, Creative Skills, wie etwa die Fähigkeit unkonventionell zu denken, Vertrautes zu hinterfragen, neue Szenarien zu entwickeln, Zusammenhänge herzustellen und zu kommunizieren oder Staunen hervorzurufen, zu zentralen Kulturtechniken zu machen, dann besteht auch im Zeitalter des Anthropozän noch Grund für evolutionären Optimismus.

Das Engagement der Studierenden und Lehrenden an der von Paul Petritsch geleiteten Abteilung Ortsbezogene Kunst der Universität für angewandte Kunst Wien, die das diesem Band zugrunde liegende Symposium organisiert haben, macht Mut. Und den braucht es – bei allem Optimismus.

[1]   Edward O. Wilson, *Die soziale Eroberung der Erde. Eine biologische Geschichte des Menschen* (2012), München 2013.
[2]   Herbert Marcuse, „Die Permanenz der Kunst. Wider eine bestimmte marxistische Ästhetik" (1977), in: ders., *Schriften*, Bd. 9, Wien 2004, S. 195.

Einführung Runder Tisch[*]
Mensch macht Natur
Landschaft im Anthropozän

[*] Teilnehmer_innen: Heather Davis, Matt Edgeworth, Gabriele Mackert,
Gloria Meynen, Christian Schwägerl
Konzeption: Katrin Hornek, Gabriele Mackert, Ralo Mayer,
Paul Petritsch, Nicole Six sowie Hannah Stippl
Projektleitung: Katrin Hornek
Koordination: Nina Herlitschka
Lektorat Folder: Claudia Slanar
Übersetzung Folder: Brían Hanrahan
Videodokumentation: Hüseyin Keskin
Display: Francesca Aldegani, Christina Gruber, Natalia Gurova,
Katharina Körner, Julia Mag
Betreuung: Nina Herlitschka, Katrin Hornek

Dank an
Heather Davis, Matt Edgeworth, Gloria Meynen, Christian Schwägerl

Landschaft hat Konjunktur – als Gegenstand der Bildenden Künste wie der theoretischen Analyse. Sie hat immer schon mehr Besitzverhältnisse und weniger den Naturraum reflektiert. Im Anthropozän ist sie weit entfernt von einer idyllischen Aussicht oder einer ländlichen Szenerie und längst ein größtenteils künstliches System menschengemachter Räume und zudem unvorhersehbaren Veränderungen ausgesetzt. Natur ist eine dynamische Interaktion natürlicher und menschlicher Kräfte, von Bewegungen und Gestaltung. Die menschliche Formung der Natur hat ein Ausmaß erreicht, das gesellschaftliche und technologische Prozesse als die treibenden Kräfte auf unserem Planeten erscheinen lässt. Gesellschaft, Kultur und Natur sind so eng miteinander verwoben, dass sie nicht mehr unabhängig voneinander untersucht werden können.

Seit 2014 wird der Studiengang Landschaftskunst von Paul Petritsch (Six&Petritsch) geleitet und wurde zur Abteilung Ortsbezogene Kunst umgewidmet. Eine erste Phase zielte darauf ab, das Thema Landschaft unter anderem durch Vernetzung mit anderen Disziplinen sowie Recherchen zu aktualisieren und neu zu denken. Künstler_innen wurden eingeladen, ihre Beiträge als Statements oder semesterweise an der Pinnwandgalerie der Abteilung zu präsentieren. Zum Auftakt zeigten Christian Mayer und Claudia Märzendorfer ortspezifische Arbeiten im Plakatformat. Hermann Painitz sieht seine radikale Vision der *Entwürfe für die Planierung der Alpen* als eine der vielen Künstlichkeiten, die von Menschen erdacht werden, um sich in der Auseinandersetzung mit der Natur zu behaupten. Sein provokantes Manifest wird hier erstmals seit 1969 wieder in voller Länge abgedruckt.

Parallel werden Expert_innen an den Runden Tisch der Abteilung geladen, um ausgehend von ihrem Arbeitsfeld einen Themenschwerpunkt vorzustellen, der die Lehre als begleitendes Wissen unterstützt. Mit dem Anthropozän machte eine These den Anfang, die eine Neudefinition des Verhältnisses zwischen Mensch und Natur, sowie eine grundlegende Revision unserer Begriffe verlangt. Nun liegen die aus dem ersten Symposium hervorgegangenen Beiträge als Reader vor.

Die Kultur- und Medienwissenschaftlerin Gloria Meynen diskutiert in ihrer Kritik des *Imperiums der Berechnung* den Begriff der Grenze in Bezug auf Thomas Malthus' Bevölkerungsgesetz. Er ging davon aus, dass die Bevölkerung sich alle 25 Jahre verdopple, der Nahrungsanbau auf der Erde aber linear wachse und prophezeite ein „schwarzes" Paradies. Meynen fragt nach Szenarien jenseits von Erzählungen und Metaphern des berechenbaren Endes, nach Zukünften, die wir mit Fiktionen beschreiben, die keine Entsprechung in der Wirklichkeit haben müssen und dennoch *praktisch wahr* und *nützlich* sind. Welche Erzählungen wollen wir kultivieren? Welche Zukünfte mit ihnen bereisen?

Der Biologe und Journalist Christian Schwägerl stellt in seinem Beitrag Inhalte sowie Auswirkungen des Anthropozäns konkret vor: Ist das Anthropozän die Summe aller Umweltprobleme oder eher Ausdruck einer neuen Phase menschlicher und planetarischer Evolution? Wann hat es begonnen? Nach Schwägerl folgt der Begriff des Anthropozäns keiner fixierten Denkart, sondern stehe als Reflexionsanregung angesichts schwindender metaphysischer und physischer Grenzen zwischen Kultur und Natur. Als solches biete es sich als ein im Entstehen begriffenes und vielseitig anwendbares Begriffswerkzeug zur Erforschung des Wandels der Natur an.

Matt Edgeworth widmet sich als Archäologe der Tiefe von Landschaften. Jenseits der Oberfläche zeichneten sie sich durch eine vertikale und horizontale Stratigraphie aus. Die Tiefe der Spuren menschlicher Existenz sei mindestens ebenso wichtig wie deren horizontale Ausbreitung. Alle materiellen Überreste, die Menschen hinterlassen, bilden eine anthropogenetische Schicht, die Edgeworth *Archäosphäre* nennt. Dabei bringt er die Arbeit des Wiener Geologen Eduard Suess in Erinnerung, der ein Pionier der modernen Stratigraphie war und den Begriff der *Biosphäre* prägte.

Heather Davis beschäftigt sich auf drei Ebenen mit Plastik: der Geologie, der Ästhetik und unserer biologischen Zukunft. Plastik zählt zu den Materialien, die als sogenannte *golden spikes* des Anthropozäns angesehen werden. Es zerstreut sich, aber verschwindet nicht. Da es nicht biologisch abbaubar ist, bildet es eine neue geologische Erdschicht: eine *Geontologie*, die sich wie Gestein verhält. Es existiert jenseits der biologischen Zeitlogik von Leben und Tod. Einerseits verhindert Plastik so bestimmte Lebensformen, andererseits gebiert es Neue. Plastik ist das anthropogene Substrat einer völlig neuen Ökologie, der sogenannten *Plastisphäre*. Anstatt vor dieser giftigen und unfruchtbaren Zukunft und einem unweigerlichen Ende der Menschheit davonzulaufen, fragt Davies welche anderen Übergänge in diese giftige, unfruchtbare und queere Zukunft denkbar sind.

24

Gabriele Mackert[*]
Kosmische Tiefen so nah
Warum die zeitgenössische Kunst das Anthropozän verstoffwechselt

[*] Gabriele Mackert ist Lektorin an der Universität für angewandte Kunst Wien, freie Autorin und Kuratorin. Dissertation über Marcel Broodthaers' offene Briefe. 2005–08 Direktorin der Gesellschaft für Aktuelle Kunst (GAK), Bremen. Zuvor Kuratorin der Kunsthalle Wien. Einzelausstellungen u. a.: Ulf Aminde, Marcel Broodthaers (mit S. Folie, Kat.), Alice Creischer (Kat.), Simon Lewis (Kat.), Santiago Sierra (Kat.), Yinka Shonibare (Kat.) und Ana Torfs (Kat.). Thematische Ausstellungen (Auswahl): *Attack! Kunst und Krieg in den Zeiten der Medien* (mit T. Miessgang, Kat.), *A Lucky Strike: Kunst findet Stadt* (mit H. Griese, Kat.), *Bin beschäftigt* (Kat.), *Wisdom of Nature* (Nagoya City Arts Museum, Kat.). Mit Winfried Pauleit und Viktor Kittlausz Konzeption und Publikation des Symposiums *Blind Date. Zeitgenossenschaft als Herausforderung*, Bremen, 2007.

Das Anthropozän ist nicht nur ein sperriger Begriff und sorgt außerhalb naturwissenschaftlicher Kreise für Furore. Auch jenseits der Debatten der stratigraphischen Kommission der Geological Society of London über die Erweiterung der über geschätzte 4,5 Milliarden Jahre sich erstreckenden Geochronologie um ein neues Erdzeitalter ist das Anthropozän nicht zuletzt für den Kunstbetrieb einer der neuen Trigger. Als Paul Crutzen, damals Direktor des Mainzer Max-Planck-Instituts für Chemie, im Jahr 2000 die seit längerem kursierende Idee[1] aufgriff, war die Zeit reif. Das Anthropozän setzte als Selbstläufer viele unter Zugzwang. „People were using the ‚Anthropocene' as if it were a real geological term — without inverted commas, without any sense of irony. We had to do something about it. People do not understand the very slow geological time scale on which we work,"[2] gibt der Vorsitzende der Anthropocene Working Group (AWG) Jan Zalasiewicz, unumwunden zu.

Zudem ist es fraglich, ob das Anthropozän der Stratigraphie von Nutzen sein kann. Die Geologie unterteilt ihre Analysen in Jahrhunderttausenderschritten. Die *Big Acceleration* der Neuzeit unterläuft dieses Zeitraster. Das Anthropozän ist nur ein rezenter Wimpernschlag der *Deep Time*,[3] der unendlichen Weiten.

Das Konzept Anthropozän soll anzeigen, dass menschliche Eingriffe nicht nur lokale Auswirkungen auf die unmittelbare Umwelt haben, sondern global und nachhaltig planetare Stoffwechselprozesse und Energieströme verändern. Es soll deutlich machen, dass Menschen zum geologischen Faktor geworden sind. Viele Erkenntnisse, aber auch Naturphänomene werden aus dieser Perspektive tendenziell als Katastrophe wahrgenommen. Die These hat sich zu einer von Umweltbewegungen inspirierten Weltsicht und zu einem Aufruf an uns entwickelt, zu Bewahrern des Erdsystems zu werden[4]. Denn im Anthropozän geht es um alles. Beziehungsweise um alles, was unsere Welt ausmacht. Plötzlich sind wir nicht mehr *ich* und *du* und *wir*, sondern befinden uns auf einer Stufe mit Vulkanausbrüchen, Meteoriten oder Kontinentalverschiebungen – sind die zerstörerisch egozentrische Gattung *Homo sapiens*, die sich kurzsichtig durch ihre Lebensweise der Grundlagen ihrer Existenz beraubt.

Als *wir* 1969 endlich auf dem Mond angekommen waren und als Bilder der Erde aus Weltallperspektive kursierten, machte der genialische R. Buckminster Fuller aus unserem blauen Planeten nicht nur despektierlich ein alternativloses, kosmisches Fahrzeug, sondern übergab uns als *Maschinisten* die Verantwortung, selbstreflexiv zu lernen: „Ich würde sagen, daß in der Anlage des totalen Reichtums dieses Raumschiffs ein enormer Sicherheitsfaktor eingeplant wurde. Dadurch wurde dem Menschen über eine lange Zeit hinweg sehr viel Ignoranz zugestanden, und zwar so lange, bis er genügend Erfahrungen gesammelt hatte, um mit dem daraus abgeleiteten System generalisierter Grundsätze das Wachstum des fortschreitenden Energiemanagements über die Umwelt zu beherrschen. Das eingeplante Fehlen einer Bedienungsanleitung für den Umgang mit dem Raumschiff Erde und dessen Komplex von Lebensversorgungs- und Lebenserhaltungssystemen hat den Menschen dazu gezwungen, im Rückblick zu entdecken, was sich als seine wichtigsten Vorschau-Fähigkeiten erwiesen hat. Sein Intellekt mußte sich selber entdecken. Der Intellekt wiederum mußte zusammenfassen, was er als Fakten seiner Erfahrung gesammelt hatte."[5]

Der Wissenschaftshistoriker Jürgen Renn erneuert diesen Ansatz: „Science has become, in any case, a medium through which societies of a globalized world reflect upon themselves [...]"[6] — und postuliert, dass das Anthropozän ein Prozess sei, der über sich selbst nachdenken müsse. Die Frage sei, wie eine Übersicht hergestellt werden könne. Um als System auf die Zerfaserung ihrer Spezialisierung zu reagieren, müsse Wissenschaft sich permanent auf allen Ebenen selbst reflektieren. Darauf wiederum fußten Kanonbildung und Standards.[7]

Als ein „Unternehmen der permanenten Neuordnung", der Einverleibung von Zuständigkeiten und der Entgrenzung sei auch die Kunst der Gegenwart ein Sammelbecken dezidierter Spezialisierung. Beansprucht und transformiert sie doch stetig Formen des Wissens und Handelns, die lange außerhalb ihres Einzugsgebiets verortet wurden.[8] Kunst destabilisiert systematisch die Grenze zwischen Fiktion und Realität, von Kunst und Nichtkunst. Sie fragt: Was ist Kunst?

Sicher nicht zuletzt wegen dieser Wesensverwandtschaft griffen zahllose Ausstellungen und Symposien das Anthropozän als Thema für die Kunst auf. So potenzierte sich dessen Resonanzraum. Das Anthropozän hat inzwischen nicht nur ökonomisch oder ökologisch, sondern auch sozial und kulturell normative Dimensionen erreicht. In der Kunst wird es selbst zum Untersuchungsgegenstand – auch mit seinen imaginären Anteilen. Mit der Disziplinen überschreitenden Herausforderung des Anthropozäns

[1]   Zur Historie und Diskussion des Begriffs ab dem 18. Jh. vgl. Reinhold Leinfelder, *Anthropozän – die Diskussion: Begriffsherkunft, Weltbild, Herausforderungen, SciLogBlog*, www.scilogs.de, 21.1.2013.

[2]   Michelle Nijhus, „When Did the Human Epoch Begin?", *New Yorker*, 11.3.2015.

[3]   James Hutton stellte im 18. Jh. die geologische Deep Time gegen das biblische Paradigma der göttlichen Schöpfung der Welt vor rund 7.500 Jahren. Er war von der Endlosigkeit der Prozesse überzeugt. „The result, therefore, of our present enquiry is, that we find no vestige of a beginning,—no prospect of an end." James Hutton, „Theory of the Earth; or an Investigation of the Laws observable in the Composition, Dissolution, and Restoration of Land upon the Globe, in: *Transactions of the Royal Society of Edinburgh*, Bd. I, Teil II, 1788, S. 304.

[4]   Vgl. Paul Crutzen in: Christian Schwägerl, „Planet der Menschen", *Zeit Wissen*, 18. Februar 2014.

[5]   R. Buckminster Fuller, *Bedienungsanleitung für das Raumschiff Erde* (1968), Hamburg 1998, S. 20.

[6]   Jürgen Renn und Malcolm D. Hyman, „Survey: The Globalization of Modern Science", in: *Studies 1, The Globalization of Knowledge in History*, hg. von Jürgen Renn, Max Planck Research Library for the History and Development of Knowledge, Berlin 2012, S. 501.

[7]   Jürgen Renn, „Warum Luther als guter Katholik anfing", *Brand eins*, Nr. 6, 2008.

[8]   Vgl. Tom Holert, *Übergriffe. Zustände und Zuständigkeiten der Gegenwartskunst*, Berlin 2014. Juliane Rebentisch, *Gegenwartskunst zur Einführung*, Hamburg 2013.

stehen jenseits (nach)moderner Diskussionen über Medien, Formate, Ästhetik und Politik vor allem neue Themen, Haltungen, künstlerische Praxen und Modelle der Rezeption im Mittelpunkt.

Die Triebfeder der grundlegenden *Selbstbefragung* erweist sich für die Kunst seit Jahrzehnten als äußerst produktiv. Sie hat sie ethnologische, anthropologische, journalistische oder wie immer geartete hybride Wurzeln schlagen lassen, hat sie aber auch bis an die Grenzen des Nichts, bis zur Dematerialisierung, gebracht. Auf die Etablierung der Deklarationsmacht von Kunst rund um das Phänomen Ready-made folgte etwa die Ersetzung des Objekts durch den Schaffensprozess selbst. In den Fokus gerieten das Machen, (skulpturales) Handeln, Arbeiten im Atelier, im Ausstellungsraum oder sonst wo. Mit dem konkreten Tun tritt nicht nur ein eventuell entstehendes Produkt in den Hintergrund, sondern wird auch die Umwelt, der Raum und die Beziehungen zu ihm, werden das Werden und Vergehen ebenso wie das agierende Subjekt betont.

Auch die Land Art wollte Teil konkreter geographischer, geologischer, klimatischer oder stellarer Bedingungen, Prozesse und Konstellationen sein. Sie setzte ein, als das Naturschöne angesichts von weltumspannendem Tourismus, Kriegen, Atomkraft und Umweltzerstörung nicht mehr naiv genossen oder nachgeahmt werden konnte und Landschaft als Bild durchdekliniert schien. Die Ästhetik der Land Art brach mit Konventionen. Sie wollte weder Objekte in einer Landschaft platzieren noch diese als attraktiven Hintergrund benutzen. Man sollte sie nicht nur betrachten, sondern begehen und erfahren. Mit den Themen Landschaft, Natur sowie Ökologie eroberten sich Künstler_innen zudem Freiräume nahe naturwissenschaftlichen Erkenntnisfeldern und teils in interdisziplinärer Zusammenarbeit jenseits des sich formierenden Kunstmarkts. Waren Landschaftsbilder historisch integraler Bestandteil der Formierung von Nationen und Ländern, so ist Landschaft heute kein statisch zu bewahrendes Objekt mehr, sondern als politisches Konstrukt eine Raumordnung *nach* der Natur, kein Gegenentwurf mehr zu Stadt, vielmehr mit dieser verschränkt, nicht mehr nur ästhetischer Effekt, sondern (Über)Lebens-, Bewegungs- und Entscheidungsraum. Natur wird in der Dialektik dieser Art zivilisatorischen Zustands erst eigentlich zum Thema.

Zeitgenössische Kunst positioniert sich zugleich selbst als Frage, wie sie das Publikum adressiert. Dieses wird in der

Folge nicht nur Teil des Werks im Sinne rezeptionsästhetischer Ansätze, sondern zunehmend in ein Geschehen, Setting oder eine Aktion verwickelt. Mit Handlungsoptionen wird ihm performative Mitverantwortung angetragen. Diese Haltung gründet auf Strategien der Konzeptkunst der 1960er-Jahre, die sich damit der um sich greifenden Konsumkultur zu entziehen suchte. Ihre Institutionskritik begann nicht nur, die Bedingungen ihrer Produktion und Präsentation in Frage zu stellen. Sie entwickelte zudem eine Art kreative Public Relations und Pädagogik der Zuschauer_innen. Kunst wurde zur Benutzung freigegeben.

Endlich mal die Welt retten

Inzwischen ist Kunst nicht mehr aus der gesellschaftlichen Osmose politischer Meinungsbildung wegzudenken. Einerseits soll sie Distanz zur Realität wahren, sich absetzen, soll sich aber andererseits nicht von ihr abtrennen. Wie etwa L'art pour l'art ihre Kontexte und Nützlichkeiten ausblenden möchte oder die Dadaisten, die keine Grenzen von Kunst und Leben mehr akzeptierend eine provokante Engführung propagierten. Derzeit dann doch lieber engagierte Kunst, die ihre Umwelt nicht nur beobachtet, sondern mit Eingriffen die Differenz zur Realität minimiert. Anders auf Probleme zu blicken, an sie heranzugehen und sie zu repräsentieren ist nach wie vor eines ihrer Privilegien. Es ist aber auch eine der Erwartungen, die der Kunst zugeschrieben wird. Dies korrespondiert nicht von ungefähr mit der Diskrepanz von Gesten, Handlungen und Effekten unserer gouvernementalen Verhältnisse.

Das gefühlte Vakuum des Anthropozäns schafft Platz für Simulation, Investigation sowie für die Destabilisierung von Ansichten, Gewohnheiten und Strukturen. Modelle interventionistischer Ästhetik florieren ebenso wie das Modell des Diskurs führenden *public intellectual*. Sie korrespondieren mit dem Bild der Kunst als moralische Instanz metaphorischer Kommunikation. Als Schnittstelle zur Konstruktion von Wirklichkeiten soll Kunst Visionen aufzeigen oder diese zumindest in bewährter Form fiktionalisieren – gerade weil sie als minorer Gesellschaftsteil soziale, humanitäre, ökonomische oder ökologische Krisen nicht bewältigen kann, darf sie das, wird ihr das zugestanden. Im Sinne einer Projektion delegierten Handelns kann das dazu führen, dass ökologische oder gesellschaftliche

Tauglichkeit Kriterien der Beurteilung von Kunst werden. Selbstermächtigung ohne expliziten Auftrag und Kompetenz wird gesellschaftlich nicht nur geduldet, sondern erwartet. Tatsächlich nehmen sich viele Künstler_innen im Namen einer lebenswerteren oder gerechteren Zukunft brisanter Dinge an. Schon macht die Kategorie des *Artivismus* als politisches Wohlmeinen die Runde.

Der Selbstbeauftragung folgt die Selbstdisziplinierung. Verantwortung ist neben Vernunft zu einer der grundlegenden Normen unseres Handelns, wenn nicht zur Direktive avanciert: aus freien Stücken vernünftig, kostengünstig, gesund und umweltfreundlich leben. So werden wir nicht mehr autoritär von außen, sondern subtil von innen regiert, sind kreativ, flexibel, innovativ, eigenverantwortlich und erfinden uns wenn notwendig gerne neu. Selbstbestimmtes und individuelles Handeln sind zentrale Elemente erfolgreicher, gesellschaftlicher Teilhabe geworden. Im Anthropozän hat sich das Ideologische zudem in weiten Teilen individualisiert: Was soll ich essen? Brauche ich wirklich neue Jeans, wenn ihre Herstellung 8.000 Liter Wasser verbraucht? Was heißt *verbraucht* eigentlich? Das Anthropozän ist ganzheitlich. Es ist kaltherzig. Alles steht auf dem Spiel, alle sind verantwortlich und keiner hat einfach(e) Lösungen parat. Die Verantwortung tragen wir alle. Egal, ob wir Kaffee im Pappbecher von Starbucks trinken, Steaks essen, Auto fahren oder Kleidung bei internationalen Textilketten kaufen, wo wir prinzipiell gegen Hunger, Kinderarbeit, Sweatshops, CO_2-Ausstoß, Müllberge, Feinstaub oder politische Unterdrückung in der Welt sind. Heute wissen wir in einem nie zuvor gekannten Ausmaß um die Folgen unserer Entscheidungen.

Als *Selbstverwirklicher* dürfen alle neoliberal nach dem Vorbild künstlerischer Rollenbilder *frei*, *schöpferisch* und *authentisch* ihren Platz suchen. Sie müssen aber auch. Sind kreative Rollenklischees beispielgebend, kommt ein zweiter Prototyp, der der engagierten Außenseiter_innen, die subversiv, dissident, zweideutig und unberechenbar agieren, ins Spiel. Von ihnen würde die Zurückweisung solcher *Beauftragungen* erwartet: widerständige Praxen, die sich gegen Instrumentalisierungen positionieren, Autonomie behaupten, repräsentatives Bewusstsein, Machtstrukturen und Hegemonie problematisieren und Ambivalenzen provozieren. Radikal, verspielt, theatralisch, konkret, trotzig aggressiv oder etwa anmaßend. Das ist eines der

Paradoxa von Kunst: Sie nutzt ihre Kapazitäten am nachhaltigsten, wenn sie diese stellvertretend einsetzt, als reflexives Modell. Und nicht zur konkreten Bewältigung. Dies gilt zu allererst für ihre kritischen Potenziale. So hält sie die Balance, stimuliert unser Denken, stört die anderen Kreise nicht. Ihr Irritationspotenzial bleibt überschaubar.

Ozeanische und apokalyptische Gefühle

Die Welt gehe nicht auf einmal, sie gehe an allen Ecken und Enden unter. Nicht heute und nicht morgen. Aber gefühlt ist unser Ende besiegelt. Heute sei die Krise Dauerzustand der Ökonomie, der Untergang zum Normalzustand der Welt geworden. Niemand könne sich den ökologischen Debatten mehr entziehen. Mit dem Klimawandel und seiner Entourage hätten wir den Untergang der Menschheit vor Augen: „Versuchen wir das Puzzle unserer medialen Bilder und Narrative zusammenzusetzen, ergibt sich keine Erzählung"[9], so Georg Seeßlen.

Gerade der Kunst aber wird zugetraut, das Anthropozän sichtbar, fühlbar und erlebbar zu machen. Reagieren, kommentieren und visualisieren Künstler_innen doch seit der Moderne als Seismographen verlässlich (und wie gewohnt sensibel bis engagiert provokant), greifen Themen auf, verketten Informationen und Zusammenhänge assoziativ. Und zwar wenn sie aufscheinen. In dem sie sich Zeitgemäßes einverleibt, hält die zeitgenössische Kunst den Zeitgeist am Leben. Deshalb ist sie für so viele Sinnsucher unterschiedlicher gesellschaftlicher Gruppen von zentralem Interesse: „Bildende Kunst wird als Ort und Praxis einer maximalen Sensibilisierung für politische und soziale Krisen ausgemacht und alle künstlerischen Produktionen an ihrer Nähe zu diesen Krisen gemessen. Je größer die Katastrophen, desto mehr ist die Kunst gefordert, auf diese adäquat zu reagieren."[10]

[9]   Georg Seeßlen, „Der Weltuntergang als Direktübertragung", in: www.getidan.de/gesellschaft/georg_seesslen/64854/der-weltuntergang-als-direktuebertragung

[10]   „Man traut der Kunst inzwischen sehr viel zu. Vielleicht zu viel", Interview von Pascal Jurt mit Tom Holert, *Jungle World*, Nr. 34, 21.8.2014.

Ihr wird dabei eine gewisse Unwissenschaftlichkeit zugestanden.
Sie muss nicht stetig zwischen Fakt oder Fake unterscheiden,
sondern darf auf die Unberechenbarkeit der Effekte unserer
Nutzung des Planeten mit Utopischem wie Dystopischem, mit
Manifesten, Farming oder punktuellem Urban Gardening, mit
Dokumentationen oder konkreten Nachbarschaftsprojekten
reagieren. Dieses Potenzial entfalteten schon Joseph Beuys'
7000 Eichen[11] eindrucksvoll. Die bio-, sozio- und technosphä-
rischen Bedingungen des Anthropozäns werden dabei nicht
in erster Linie aus kunsthistorischer, bild- und medienwissen-
schaftlicher Perspektive beleuchtet. Das Anthropozän wird
eher heruntergebrochen und vernetzt: Fragen der Ökologie
kann auf den Ebenen von Stadt, Arbeit, sozialer Gerechtig-
keit, Produktion, Handel oder etwa Migration nachgegangen
werden, oder anhand des Diskurses um sie. Jede Neuigkeit wird

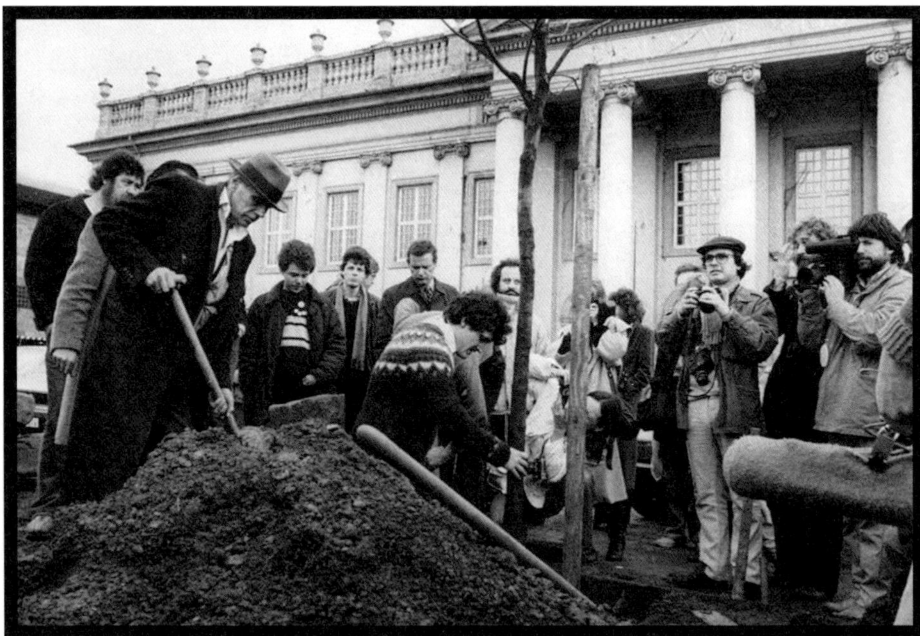

1   Joseph Beuys pflanzt am 16. März 1982 den ersten Baum für *7000 Eichen –
      Stadtverwaldung statt Stadtverwaltung*, Kassel 1982–87; Foto: Dieter Schwerdtle
      © Bildrecht Wien, 2016

potenzieller Anknüpfungspunkt für Kritik unserer Erkenntnis, Wahrnehmung und Gestaltung von Umwelt. Auf die Klimakrise reagieren Künstler_innen mit topographischen Studien, experimentellen Dokumentarfilmen und fiktionalen Erzählungen ohne zeitliche Eindeutigkeit. Filmzeit wird geschichtet wie geologische Geschichte. (Bild)Montagen verstehen sich als Analyseinstrumente visueller Erkenntnis und werden performativ.

Manche Ausstellungen sind plötzlich was für Science Busters und Nerds. Das Konglomerat vereint Quanteninformatik, Archäologie, Biologie mit all ihren Fachgebieten von der Genetik, den molekularen Übergängen zur Chemie bis hin zu Pflanzenkunde, Atmosphärenphysik, Biosphere, Informatik, Genderforschung, Soziologie, Naturrecht, Neurologie oder Geoökologie. Wir sehen uns Laborinstallationen gegenüber, die vorgeben, die Abspaltung von Sauerstoff aus CO_2 zu simulieren, oder adaptiven Ökosystemen inklusive an Umweltverschmutzung optimiert angepasste Organismen. Künstler_innen machen sich aber auch selbst zu Versuchskaninchen. Metaphernreich und konkret wie lange nicht mehr. Simon Starling etwa versenkte sich 2005 unter dem Titel *Autoxylopyrocycloboros* (in etwa: Selbstholzfeuerkreislaufverzehrer) auf dem aus den Tiefen des *Loch Long* geborgenen und restaurierten Bootes *Dignity*. Es wurde von einer Dampfmaschine angetrieben. Der Treibstoff waren die Planken des Bootes — bis es Leck schlug und wieder unterging.

Künstler_innen dokumentieren, sammeln, archivieren und nicht zuletzt informieren sie über unsere Umwelt. Amy Balkin initiierte einen absurden *Public Smog*-Park in der Atmosphäre, Standort und Umfang schwankend, aber zur öffentlichen Nutzung bestimmt — unterer und oberer Park derzeit allerdings laut Website geschlossen — und durchlief mit viel Aufmerksamkeit politische und juristische Instanzen sowie Fundraising-Aktivitäten. Maria Cristina Finucci propagierte die 2013 riesigen Plastik-Agglomerationen in den Weltmeeren unter der Patronage der UNESCO und des italienischen Umweltministeriums als 15.915.933 Quadratkilometer großen *Garbage Patch State*.

[11]   Joseph Beuys, *7000 Eichen – Stadtverwaldung statt Stadtverwaltung*, Kassel 1982–87.

Im September 2007 startete Brooke Singer eine Tour zu 365
hochtoxischen Orten aus dem Verzeichnis des Superfund Pro-
gramms der US Environmental Protection Agency. Heute ist
Superfund365 eine Website, die im Internet, auf Ausstellungen
und Symposien vorgestellt wird. Sie zeigt neben Fotos und Informationen auch Interviews. Singer will sie als Aufforderung verstanden wissen: „Pick a site near you and make a trip there with
your camera. Bring friends, bring the whole family, even bring
a picnic. Afterwards, upload your images with captions along
with a longer text description of the site using our upload page.
You will see your images in the gallery at the right and your
description and/or comments in the discussion forum at the bottom of the site's page. The Superfund365 archive will be better
with your input!"[12] Diese Idee von Kunst als partizipative Information zählt auf den Nachdruck jeder einzelnen Stimme. Der
Schwerpunkt liegt auf Anliegen wie *Aufklärung, Engagement*

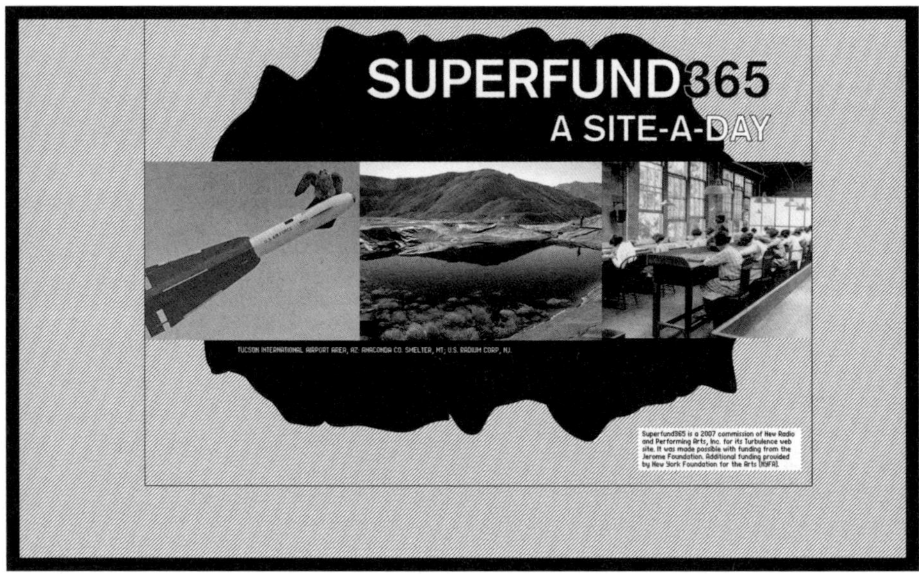

2   Brooke Singer, *Superfund365*, seit 2007, Screenshot; Courtesy: Brooke Singer, ToxicSites.us

oder auch *Anteilnahme*. *Superfund365* macht anschaulich, wie zentral soziale Systeme, (Infra)Strukturen oder Methoden verschiedener Wissenschaften und Institutionen als Referenzrahmen geworden sind.

Das Anthropozän läutet für viele einen tiefgreifenden und qualitativen Paradigmenwechsel in Wissenschaft, Politik und Recht ein. Die Vielfalt an Positionen, die sich an die These des Anthropozäns andocken lässt, sowie die Bereitschaft der Disziplinen, sich fächerübergreifend zuzuhören, verleiht auch der Diskussion um künstlerische Forschung einen ungeahnten Schub. Nicht nur bietet erneut der Kunstbetrieb oft genug die Arena für Symposien und sitzen Künstler_innen wie selbstverständlich auf den Podien. Manche freuen sich schon über eine neue Renaissance der Künste und Wissenschaften. „In the Renaissance the grand challenges were addressed by outstanding intellectuals who were unrestricted by academic or guild traditions, by great individuals such as Leonardo, Kepler or Galileo. While the historical moment of such universalist thinkers may have passed, there can nevertheless be little doubt that, at present, we need no less courage to transgress established boundaries, both on the individual and institutional levels, to explore the potential of the knowledge resources divided by these boundaries [...].“[13] Auch Carolyn Christov-Bakargiev hat mit ihrer documenta 2012 das breite Publikum nicht nur für Naturphänomene als Gegenstand der Kunst sensibilisiert, sondern für eine Vergleichbarkeit von wissenschaftlicher und künstlerischer Praxis der Weltbeschreibung argumentiert. Neben einer größeren Nähe zu Fragen der Ökologie, Ökonomie und Technologie wird der Kunst mehr Neugier auf Neues aus anderen Disziplinen, auf Revolutionäres und Extremes zugesprochen wie ebenso eine höhere Toleranz Dingen gegenüber, die nicht verständlich, vielmehr verstörend sind.

Wie Science Fiction erscheint etwa die Theorie der *Hyperobjekte* des US-amerikanischen Theoretikers Timothy Morton. Er stellt das Ausmaß der Dinge, die uns durch das Anthropozän

[12] Brooke Singer, *Superfund365*: http://archive.turbulence.   [13] Renn und Hyman 2012, S. 518.
org/Works/superfund/about.html

bewusst werden in das Zentrum seines Konzepts. Globale Erwärmung oder atomare Strahlung seien so riesig, real und dauerhaft, dass sie die menschlichen Vorstellungen von Zeit und Raum sprengten. Er charakterisiert seine Hyperobjekte als zähflüssig, weil man sie nie und nirgends loswerden könne. Zudem seien sie in Zeit und Raum gequetscht, transdimensional und non-lokal. Es gebe auch keine Distanz, aus der heraus man sie betrachten könnte: „[…] ‚Welt‘ und ‚Realität‘ bilden für uns den Hintergrund für unseren Vordergrund, und sie haben neutral zu sein, wie Bühnenbilder oder wie der Abstand zu einem Landschaftsbild. Und nun müssen wir uns daran gewöhnen, zu sagen: ‚Wir leben in einem Objekt‘."[14]

Das sei das Ende unserer ästhetischen Idee der Welt als einem umfangenden, Abstand haltenden und distanzierten Horizont.[15] Der Abstand zu Dingen und der Abstand der Dinge untereinander hätten sich verändert. Dieser sei aber wichtig, um die Landschaft im Bild als solche zu erkennen. Deshalb gehe es bei Landschaftsbildern weniger um Land als um Schaft[16] – Letzterer, der Schaft, fehle nun. Der Rahmen, der Betrachter und Betrachtetes voneinander trennte, werde damit obsolet. Der ästhetische Effekt des Abstands, den Walter Benjamin als Aura bezeichnet hat, sei dadurch endgültig aufgebrochen.

Die Wahrnehmung der Natur als schön hat viel damit zu tun, dass sie nicht (mehr) als bedrohlich erlebt wird, sondern als Ort der Kontemplation oder Ziel sehnsüchtiger Reisen. Das sei ein höchst zivilisatorischer Prozess, stellte etwa Adorno fest, weil dann erst das Unendliche, Nichtdomestizierte in den Blick gerate. Im Anthropozän beschleicht dieses fast kuschelig zu nennende Gefühl, sich eingerichtet zu haben, die unheimliche Erkenntnis des eigenen, Existenz bedrohenden Verhaltens sowie das der Abhängigkeit. Wir sind nicht die Krone der Schöpfung oder etwa *nur* in ihre Abläufe eingebunden, sondern eben ohne sie überhaupt nicht denkbar. Ein Effekt der Evolution unter vielen. Der Planet käme gut ohne uns aus. Morton hat unter den Schlagworten der *Dark Ecology*, in dem die nicht sichtbare, aufgrund von Gravitationseffekten hypothetisierte Dunkle Materie, die womöglich unbekannte fünf Sechstel des Kosmos ausmacht, anklingt, sowie *Mesh*, die Dimension dieser Vernetzung und Interdependenzen beschrieben. Ganz in der Tradition naturalistischer Theorien betont er die Menschheit als Teil der physikalischen Ordnung. Die Hierarchisierung von Leben sowie

die Unterscheidung zu Nichtleben sieht Morton als unzulässig
an: von Mikroorganismen, die wir bewirten und die zu unserem
Organismus gehören, über unseren Stoffwechsel bis hin zur
Ribonukleinsäure oder dem sich selbst reproduzierenden Silizium,
aus dem wohl alle Lebensformen hervorgegangen sind und das
auch für den Bau von Computer-Platinen essenziell ist, seien
diese Grenzziehungen überholt.

So führt das Anthropozän zu neuen Narrativen planetarischer Einheit und zugleich zu einem grundlegenden Abgesang
auf die Souveränität des Menschen. Der Schock der Abhängigkeit sitzt erstaunlich tief. Dieses Denken über Verflechtungen
von Aktivitäten und Kreisläufen verändert bereits den Sprach-
gebrauch. Wenn der Natur *agencies* zugesprochen werden, sind
damit tendenziell mehr als nur Wirkungen, Aktivitäten bis
hin zu Intentionen angesprochen. Etwa wenn Morton feststellt:
„[…] nonhuman beings are responsible for the next moment of
human history and thinking", oder: „it is not simply that humans
became aware of nonhumans […] the reality is that hyperobjects
were already here, and slowly but surely we understood what
they were already saying. They contacted us."[17]

Hinzu kommt ein zweiter Kontrollverlust. Das Konzept
der Technosphäre versucht die Dimensionen der globalen Technologien und Strukturen sowie deren Interaktion zu erfassen
und stellt sie der Bio-, Hydro- und Atmosphäre gleich. Wie groß
ist deren Eigendynamik, wie selbständig sind diese digitalen,
sozialen, ökonomischen, politischen Systeme inzwischen? Können wir noch kontrollierend eingreifen oder gestalten? Diese
Fragen drängen sich auf, da Macht nicht mehr mit Personen oder
Institutionen verknüpft erscheint. Sie liege in den Infrastrukturen und zwar in der Art der Organisation, in den Mitteln, sie
funktionieren zu lassen, sie zu kontrollieren und zu bauen. Eine
Ordnung, die sich Stück für Stück und Baustein für Baustein
aufbaue und vergegenständliche. Die Macht selbst sei Umwelt
geworden. Um ihre Verteidigung gehe es in all den offiziellen

[14] Timothy Morton, „Zero Landscapes in den Zeiten der
Hyperobjekte", in: *Zero Landscape. Unfolding Active
Agencies of Landscape, GAM (Graz Architektur Magazin),*
Nr. 7, Graz 2011, S. 82.

[15] A. a. O., S. 87.
[16] A. a. O., S. 80.
[17] Timothy Morton, *Hyperobjects: Philosophy and Ecology
after the End of the World,* Minneapolis 2013, S. 201.

Aufrufen zum *Umweltschutz* und nicht um kleine Fische, kritisiert denn auch das anonyme Comité Invisible.[18]

Bruno Latour wiederum versteht in seiner rhizomatischen Akteur-Netzwerk-Theorie auch Dinge als Handelnde, die zusammen mit Menschen in Handlungszusammenhängen agieren. Statt von *Akteuren* spricht er in Anlehnung an die Sprachwissenschaft allerdings von *Aktanten*. Und auch konstruktivistische Modelle erleben eine Renaissance. Unter den Stichworten Radikaler wie Spekulativer Realismus oder Materialismus boomt das Denken der Welt als Prozess, als ein Netz von Relationen, als dynamischer Organismus. Der Mensch sei innerhalb einer Ökologie von Objekten mit anderen verwoben, ein Objekt unter vielen und kein bevorzugtes Subjekt.

Zudem stoßen animistische Ansätze seit einigen Jahren in Philosophie und anderen Geisteswissenschaften und damit in der Folge in der Kunst auf vermehrtes Interesse. Sie untermauern die Kritik des Anthropozentrismus. Michel Serres etwa fordert in seinem *Naturvertrag*[19] eine neue philosophische Ökologie und Beziehung zur Natur und plädiert für ein Ende des anthropozentrischen Blicks auf die Welt. Nichtmenschliche Lebewesen hätten hochsensible Kommunikationsformen entwickelt, seien für ästhetische Reize empfänglich und stellten Objekte her. Die Zeiten blinder Bemächtigung müssten enden, das Miteinander endlich durch respektvolle Regeln normiert werden. Die Erde und ihre Biosphäre als Lebewesen zu betrachten, hat nicht nur vielerlei Initiativen zur Stärkung der Rechte von Tieren, sondern auch von Wäldern oder Steinen entstehen lassen.

Diese radikale Objektorientierung macht vor Kunst und deren ausgeprägtem Interesse am Material nicht halt. Dieses solle allerdings nicht erhaben im Ausstellungsraum platziert werden, sondern die Beziehung zwischen künstlerischem Objekt und betrachtendem Subjekt problematisieren.[20] In den Fokus geraten deshalb Techniken und Technologien, die der Mensch über Jahrtausende kultiviert hat, um seine Wirkungskreise und damit seine Welt künstlich zu erweitern. Exemplarisch stehen dafür posthumane Visionen domestizierter Natur und technischer Kreatürlichkeit, die in ihrer Unbestimmtheit, Dialektik und Dynamik vor den Betrachter_innen und ihren Körperbildern nicht haltmachen. Synthetisches, Organisches, von Menschen Produziertes oder natürlich Entstandenes, Mutiertes oder gezüchtete tierische und pflanzliche Spezies und Gattungen bilden hybride

Kompilationen. Exaltierte Materialien steigern diesen Effekt: Plastik, Acryl, Epoxid, Gummi, Silikon oder Latex, LED, Glas, Sand, Straßenmüll, Wasser, Erde, Öl, Milch, Haare, Blut, Holz, Aluminium, Seltene Erden, Beton, Mineralien, Bernstein oder Fossilien beziehen sich explizit auf chemische, biologische oder physikalische Prozesse und unsere emotionalen Reaktionen darauf.

Pierre Huyghe ließ 2012 die Podenco-Canario-Hündin Human mit einem pinkfarbenen Bein que(e)r durch die Kasseler Karlsaue streunen. Auf einer Lichtung im Kompostierungsareal des barocken Landschaftsparks deponierte er zudem die Skulptur eines liegenden Frauenaktes, ihr Kopf surreal von einem Bienenvolk umhüllt. Tausende von Insekten ersetzen sozusagen den menschlichen Verstand. Schwarmintelligenz. Rundherum ein Psycho-Garten giftig-berauschender Pflanzen, deren Einnahme gängige Vorstellungen von Ich und Welt außer Kraft setzen könnte – und ein entwurzelter Baum aus Beuys' Ensemble der *7000 Eichen*. Huyghes Arrangement *Untilled* wurde als eine hierarchielose Zusammenstellung charakterisiert. Es tut sich etwas, aber es gibt keinen Plan oder Auftrag, wie und was passieren soll. Wir sollen zuschauen, wie gefressen, verdaut und ausgeschieden wird, dann verrottet, wie *Untilled*, das Nicht-Kultivierte, sich unvorhersehbar verändert. Irgendwo zwischen schön und monströs, Realität, Theater und Museum.

Ästhetisch minimal zuweilen präsentiert Huyghe Pflanzen, Tiere oder Skulpturen mit der gleichen Aufmerksam- bzw. Gleichgültigkeit. Er lässt einen Einsiedlerkrebs in eine Nachbildung von Constantin Brâncuşis *La Muse endormie (Schlafende Muse*, 1910) einziehen. Spinnen und Ameisen erobern Galerieräume. Es krabbelt, summt oder bellt. Doch mit naiver Tierliebe hat das nichts zu tun. Eher damit, was den Menschen mit den Tieren verbindet. Im Opernhaus von Sydney, einer der Architekturikonen des 20. Jahrhunderts, installierte er 2008 ein nebeliges Phantasma des verlorenen Paradieses. In den Tempel

[18]   Vgl. Comité Invisible in: Unsichtbares Komitee, *An unsere Freunde (A nos amis, 2014)*, Hamburg 2015, S. 80–84.

[19]   Michel Serres, *Der Naturvertrag*, übers. von Hans-Horst Henschen, (Le contrat naturel, 1990), Frankfurt am Main 1994.

[20]   Vgl. Tom Trevatt in: „Rahma Khazam, Kunst in der Krise. Drei Gespräche zu objektorientierten Ansätzen in der Kunst", *Springerin*, Heft 1, Winter 2013, S. 22.

der Hochkultur pflanzte er einen Dschungel — kein bourgeoiser
Wintergarten, wie ihn etwa Marcel Broodthaers reminiszent
installiert hätte. Huyghe vernebelt die Szenerie. Dämmerung
herrscht einen Tag und eine Nacht lang. Keine Unterscheidung zwischen Bühne und Publikum. Es riecht, schmeckt und
klingt intensiver, die Natur bestimmt den Rhythmus. Dieses
Andere wird auf Kollisionskurs mit unserer Selbstwahrnehmung
gebracht. So werden neue Brücken zwischen Kunst und Leben,
von *art as life* und *life as art*, geschlagen und Ausstellungen zu
einer Art Habitat erklärt. Zu Gastgebern der Natur. Wir bräuch-
ten *no-knowledge zones* ohne Skripte, in denen Dinge keine
Namen haben, so Huyghe.

Im Video *Grosse Fatigue* verschachtelt Camille Henrot
Informationen aus Archiven, Büchern und Labors zu einem Bilder-
taumel. Ihre Geschichte des Universums passt auf einen Compu-
terdesktop und erklärt sich per Mausklick. Monatelang hat sie

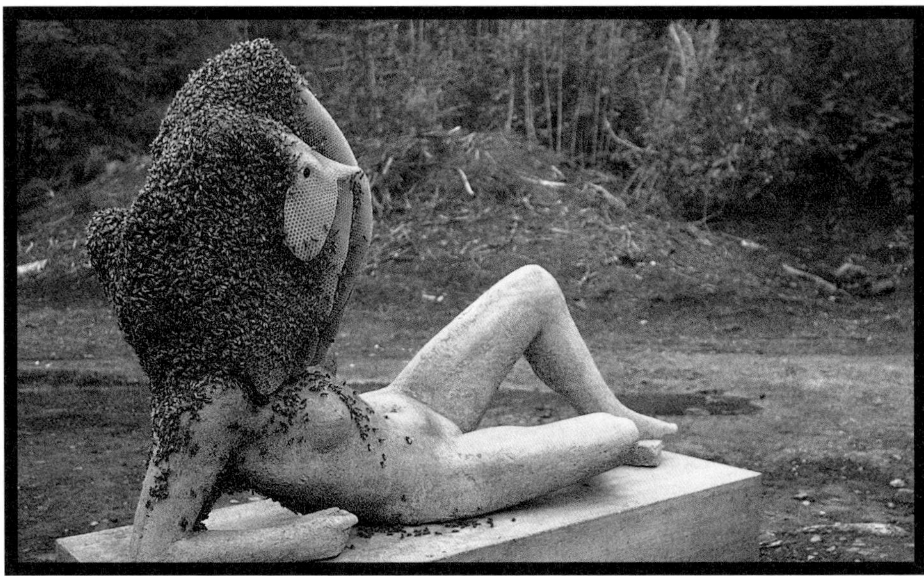

3   Pierre Huyghe, *Untilled*, 2011–12, Karlsraue, Kassel, Liegender Frauenakt, Bienenvolk
      Courtesy der Künstler; Marian Goodman Gallery, New York, Paris; Esther Schipper, Berlin
      © Bildrecht Wien, 2016

Sammlungen der Smithsonian Institution in Washington D.C. nach Fundstücken aus Urgeschichte und Evolution durchsucht. Präpariertes, Konserviertes, Katalogisiertes, Kosmisches unterlegt sie mit Urzeitmythen und pulsierendem Hip Hop, der Textkompilation diverser indianischer, buddhistischer, islamischer und jüdischer Ursprungsmythologien des US-Dichters Jacob Bromberg: „Am Anfang war keine Erde, kein Wasser – nichts. Es war ein einzelner Berg genannt Nunne Chaha [...] Am Anfang war eine immense Einheit von Energie. Am Anfang war nichts als Schatten und nur Dunkelheit und Wasser und der große Gott Bumba. Am Anfang waren Quantenfluktuationen.“[21]

Bis die AWG ihre Empfehlungen verkündet, wird das Anthropozän viele Vorstellungen von der Apokalypse erneuert und das Denken um Paradoxien erweitert haben: Das Jetzt als Fossil im Entstehen zu begreifen, war etwa Thema einer Ausstellung[22] – nichts anderes als eine Aufforderung zur Zeitumkehr, die Existenz vom Schluss her zu denken, Bewusstsein im Modus des Gewesenen, der Abgeschlossenheit ohne Zukunft. Für Jean-Luc Nancy sind die nuklearen Störfälle im japanischen Kernkraftwerk Fukushima Sinnbild unkontrollierbarer Wechselwirkungen und der Zusammenbruch von Zukunftsvorstellungen, der zur Arbeit an anderen Zukünften zwinge.[23] Dies führe zu der Frage, was *Denken* und *Handeln* heute noch leisten könnten. Nancy setzt dabei auf Sinnlichkeit sowie auf Kunst als eine *Haltung des Fühlens*. Das Positive sinnlicher Erfahrung sei ihre Offenheit und Unabschließbarkeit. Dass sie immer nach vorne strebe.

Deep Time.

[21]   Camille Henrot, *Grosse Fatigue*, 2013, Video, 13 Min., Übersetzung: Michael Müller.

[22]   Kathryn Yusoff, „Future Fossils Exhibition by Beth Greenhough, Jamie Lorimer and Kathryn Yusoff", http://societyandspace.com/2015/08/28/future-fossils-greenhough-lorimer-yusoff/

[23]   Jean-Luc Nancy, *Äquivalenz der Katastrophen (Nach Fukushima)*, übers. von Thomas Laugstien, (*L'Équivalence des catastrophes (Après Fukushima)*, (2012), Zürich und Berlin 2013.

Christian Schwägerl*

Die vermenschlichte Erde
Wie das Anthropozän den
Blick auf Natur, Kultur und
Technologie verändert**

* Christian Schwägerl ist Biologe, Journalist und Autor. Er lebt in Berlin und schreibt für *Geo, Zeit Wissen, Cicero, FAZ* und *Yale E360*. 2001–08 Feuilletonkorrespondent der *FAZ*, bis 2012 Korrespondent für Umwelt- und Wissenschaftspolitik des *Spiegel*. Bücher: *Menschenzeit* (2010, engl.: *The Anthropocene*, 2014), *11 drohende Kriege: Künftige Konflikte um Technologien, Rohstoffe, Territorien und Nahrung* (mit Andreas Rinke, 2012) und *Die analoge Revolution* (2014). Er war Mitgründer und im Leitungsteam des *Anthropozän-Projekts* am Berliner Haus der Kulturen der Welt (2012–14) sowie Kokurator von *Willkommen im Anthropozän*, Deutsches Museum München (2014–16). Seit 2014 leitet er die Masterclass „Zukunft des Wissenschaftsjournalismus" der Robert-Bosch-Stiftung. christianschwaegerl.com.
** Mitwirkung: Reinhold Leinfelder, Berlin

Die Erde hat schon viele grundlegende Veränderungen durchlaufen – als das Leben an sich entstanden ist, als Cyanobakterien die Atmosphäre mit Sauerstoff angereichert haben, als sich vielzellige Organismen entwickelten und an Land ausbreiteten, kam unser Planet jeweils auf ein völlig neues Niveau von Komplexität, Potential und Verbundenheit. Seit dem 19. Jahrhundert westlicher Zeitrechnung ist die Erde wieder in einer tiefgreifenden Umwälzung begriffen. Von *Anthropoisierung* könnte man sprechen: *Homo sapiens*, als eigenständige Art ein sehr junges Phänomen, erweist sich als überaus *fit* im Sinne der Darwinschen Evolutionstheorie.

Ein großes, zur Bewusstseinsbildung fähiges Gehirn, ausgeprägtes Sozialleben, Sprachfähigkeit, manipulatives Geschick durch die spezielle Anatomie der Hände, emotionale Flexibilität von Altruismus bis zu extremer Aggression sowie ein ausgeprägter Generalismus in der

Lebensweise – also die Fähigkeit, von den Tropen bis zur Arktis und vom Meer bis ins Gebirge in verschiedensten Lebensräumen zurecht zu kommen –, all das summiert sich zum Erfolg der menschlichen Spezies. Nicht nur nimmt die Zahl der Menschen rasant zu, auf derzeit 7,5 Milliarden und prognostizierten zehn bis elf Milliarden Menschen im Jahr 2100. Die Menschen nehmen wachsenden Einfluss auf immer mehr geologische, biologische, chemische und physikalische Prozesse, die bislang unabhängig von individuellen, sozialen, ökonomischen und politischen Entscheidungsprozessen abgelaufen sind. Eine gigantische Umschichtung von Stoffen findet statt, vom reinen Körpergewicht der Menschen und der mit ihnen assoziierten Nutztiere und -pflanzen bis zu den etwa zehn Tonnen Rohstoffen pro Mensch, die jährlich für technische Geräte, Gebäude und andere Charakteristika der Zivilisation verarbeitet werden.

Die Anthropoisierung der Erde geht über den vieldiskutierten Klimawandel weit hinaus. Sie umfasst die Erzeugung gezüchteter Tier- und Pflanzenvarietäten, die Ausbreitung neuer geologischer Artefakte in Form von Städten, die Durchdringung selbst entlegener Regionen – etwa in der Tiefsee oder der Atmosphäre – mit synthetischen Chemikalien, die Entstehung von hunderttausenden Kilometern Tunnel- und Straßensystemen, technische Gerätschaften, die als *Technofossilien* überdauern werden, die Übertragung von Arten über Kontinente hinweg und die Entstehung von über die gesamte Erde verteilten nuklearen und chemischen Deponien als weitere neuartige geologische Realität.

All diese Prozesse haben der Biologe Eugene Stoermer und der Atmosphärenchemiker Paul C. Crutzen im Jahr 2000 in einem Newsletter des Internationalen Geosphären-Biosphären-Programms unter dem Begriff des Anthropozäns summiert. Demnach sind die aktuellen Veränderungen nicht nur global und von enormer Wucht, sondern vor allem auch so langlebig in ihren Effekten, dass sie die förmliche Klassifikation als neue Epoche auf der langfristigen Zeitskala der Geologie rechtfertigen. Das seit dem Ende der letzten Eiszeit, also erst knapp zwölftausend Jahre laufende *Holozän* würde demnach ersetzt durch einen Begriff, der das *Neue* (*-zän* vom Griechischen *kainos*), das durch den Menschen (*anthropos*) in die Welt kommt, umschreibt. Stimmt ein internationales Wissenschaftler_innen-Gremium namens Anthropocene Working Group der Idee im Lauf des

One day in the 1860s, one of the first settlers of a little town called Los Angeles brought a few palm trees from the canyons west of the city onto his property at San Pedro Street and planted them in the ground.

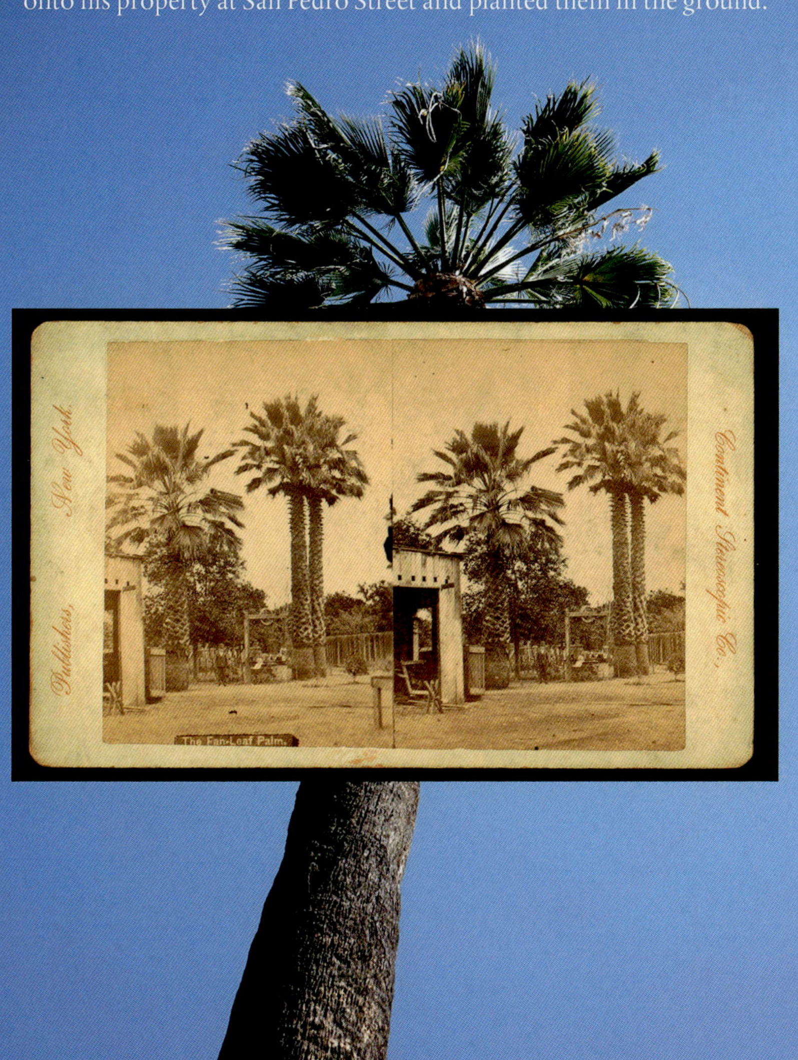

After having grown there for some twenty years, one of these palms
was sold by its owner to the Southern Pacific Railroad in 1888.

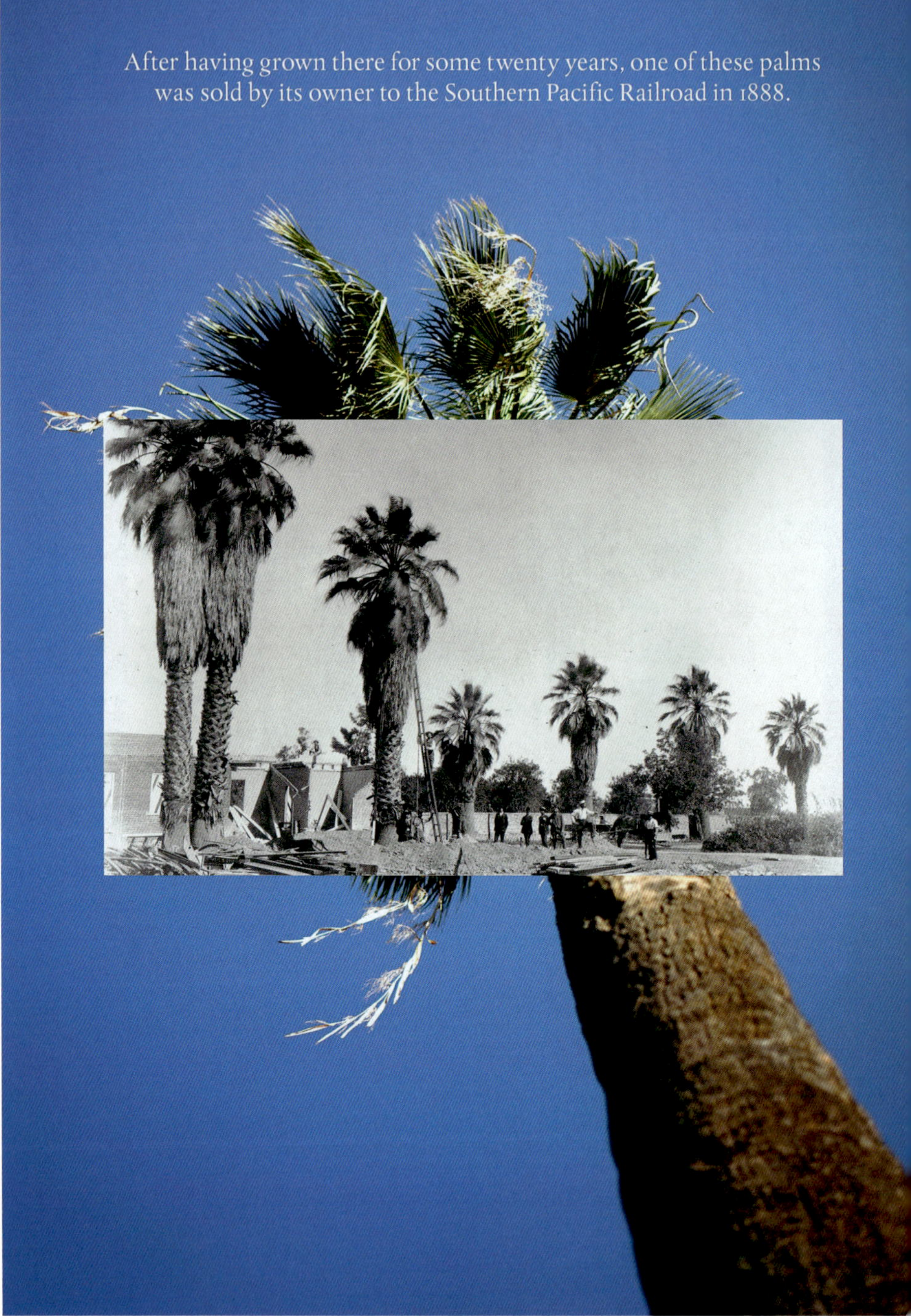

Workers dug the palm out of the ground and transported it to its new location in front of the recently built Arcade Depot Railway Station at South Central Avenue and East 4th Street.

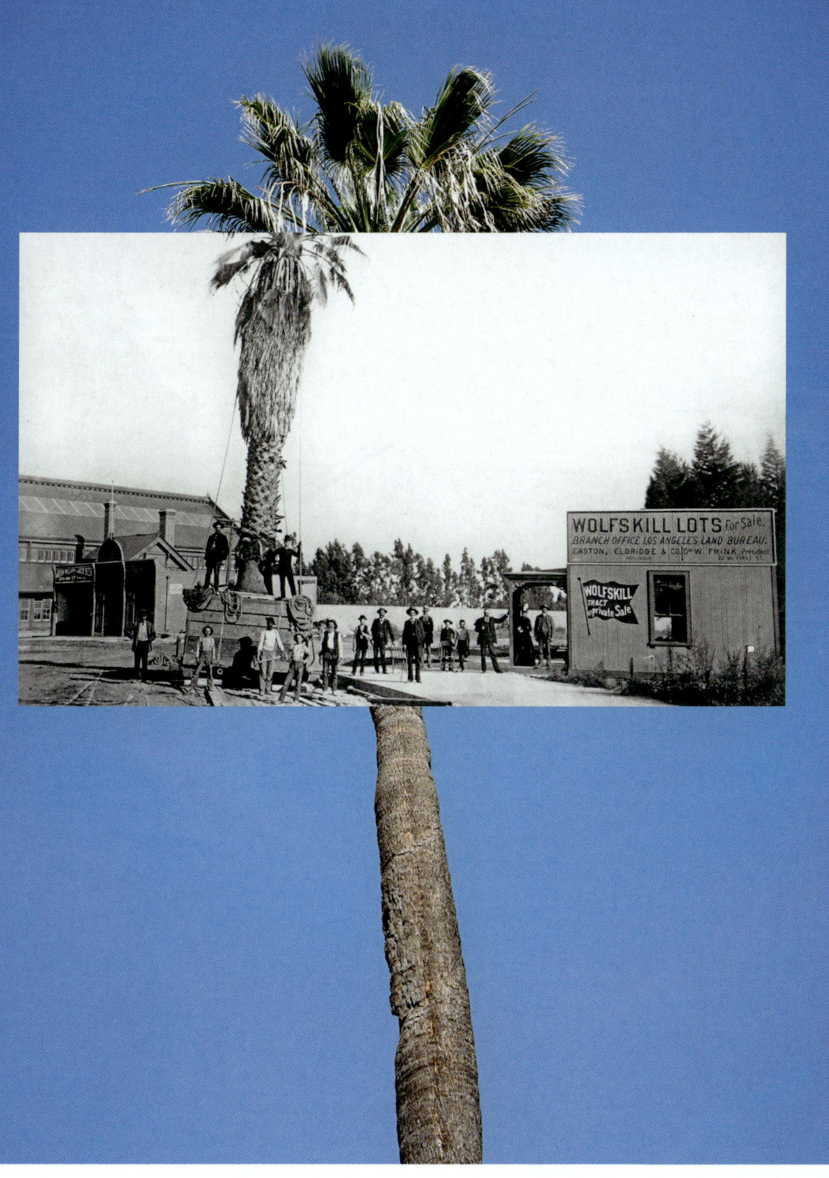

Situated in front of the main entrance of the station, the palm thus
welcomed hundreds of thousands of newcomers arriving by train
between 1888 and 1914.

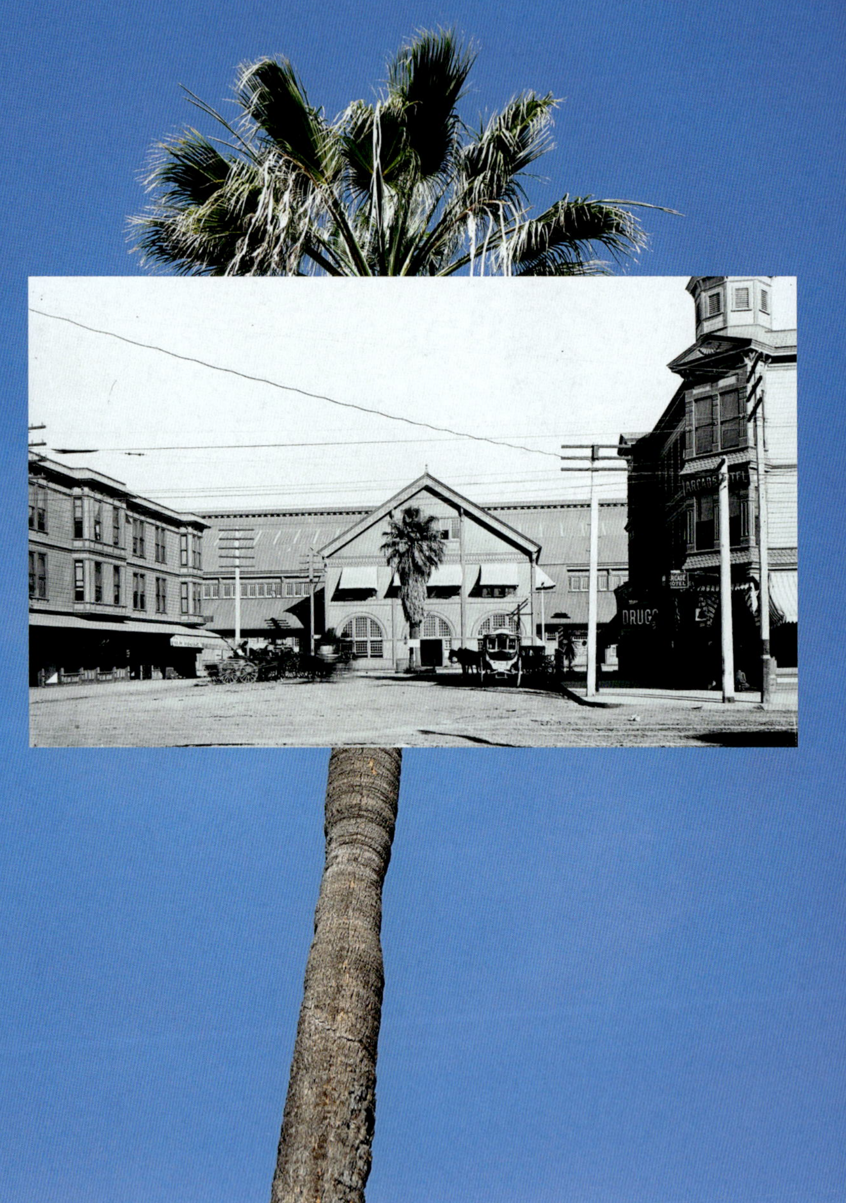

With its tropical charisma, it perfectly represented the promise of the Californian dream that led so many people westward.

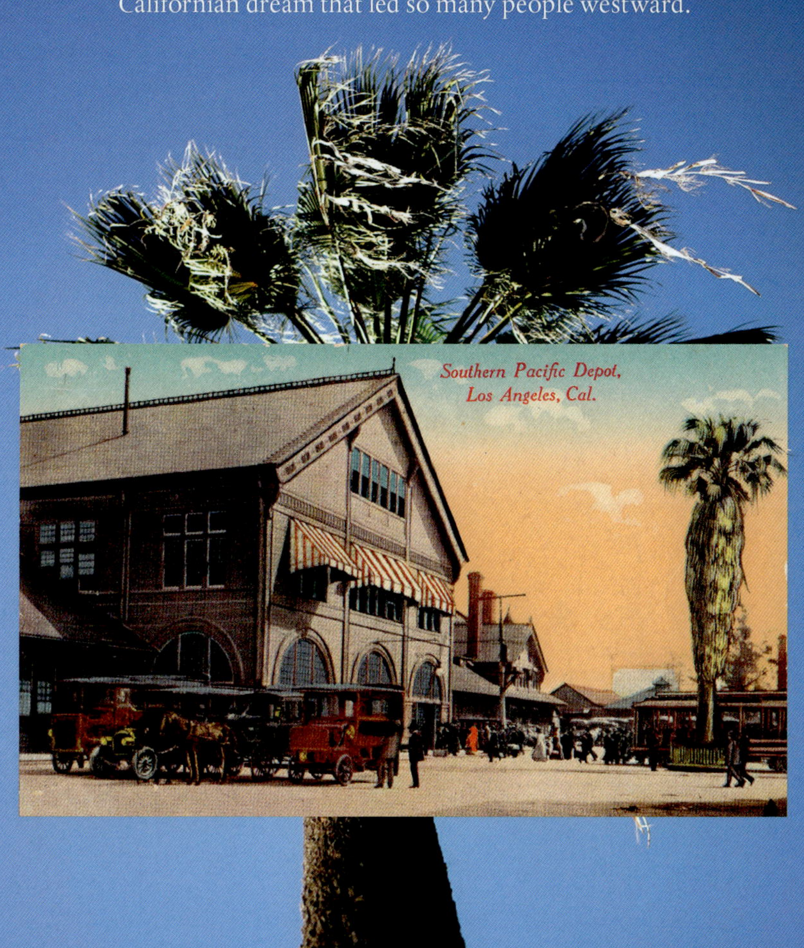

When Arcade Depot was replaced by a bigger station in 1914, the palm
had to be moved once more to avoid being chopped down. This time it
was moved to a green meadow that is now called Exposition Park.

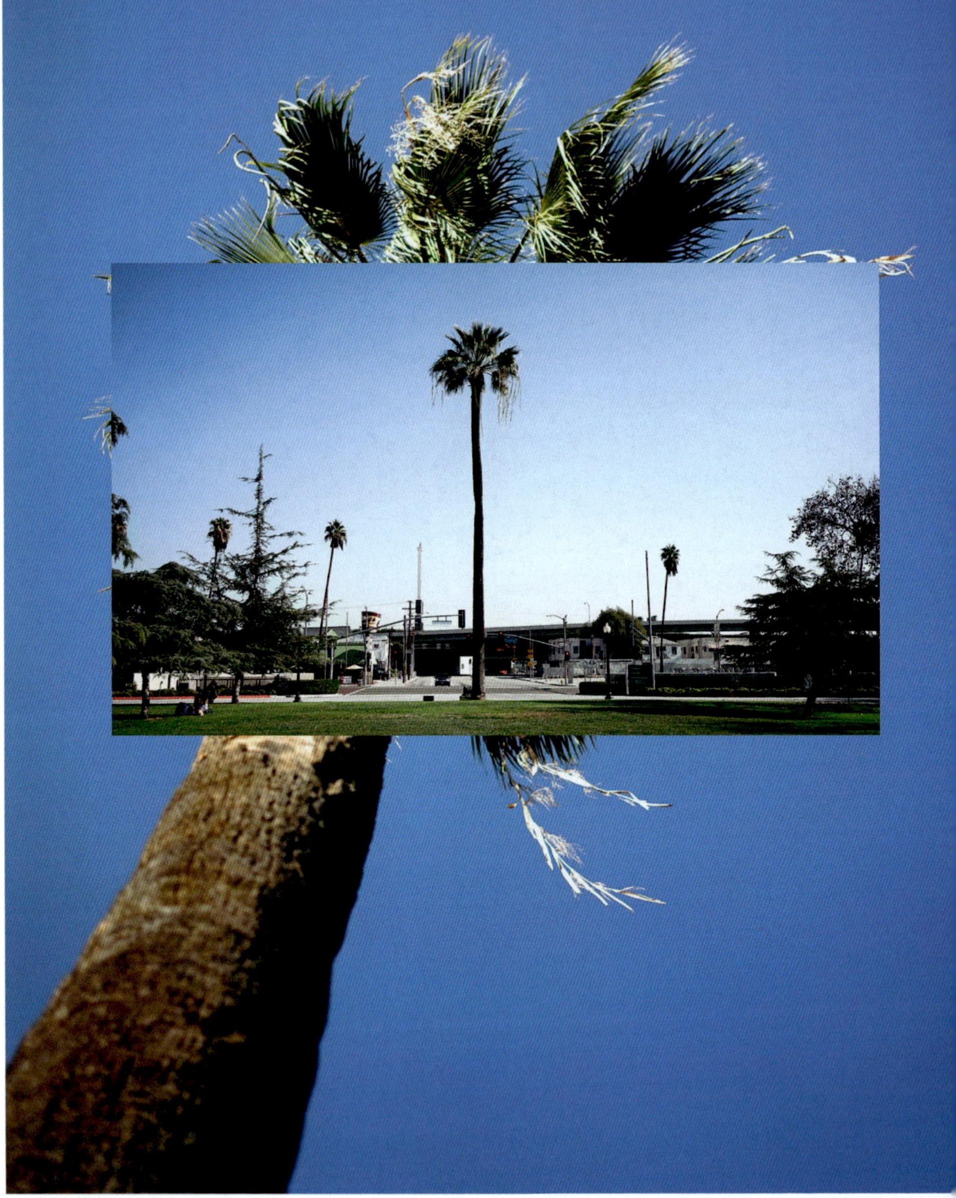

In 2014, one hundred years after it had been moved, I discovered this palm thanks to a plaque that is placed next to it. I subsequently tried to find out more about its story, but the palm seemed almost forgotten. At 170 years of age, it is the oldest living palm tree in LA. In a few years, it will reach the end of its natural life span, and will be gone forever.

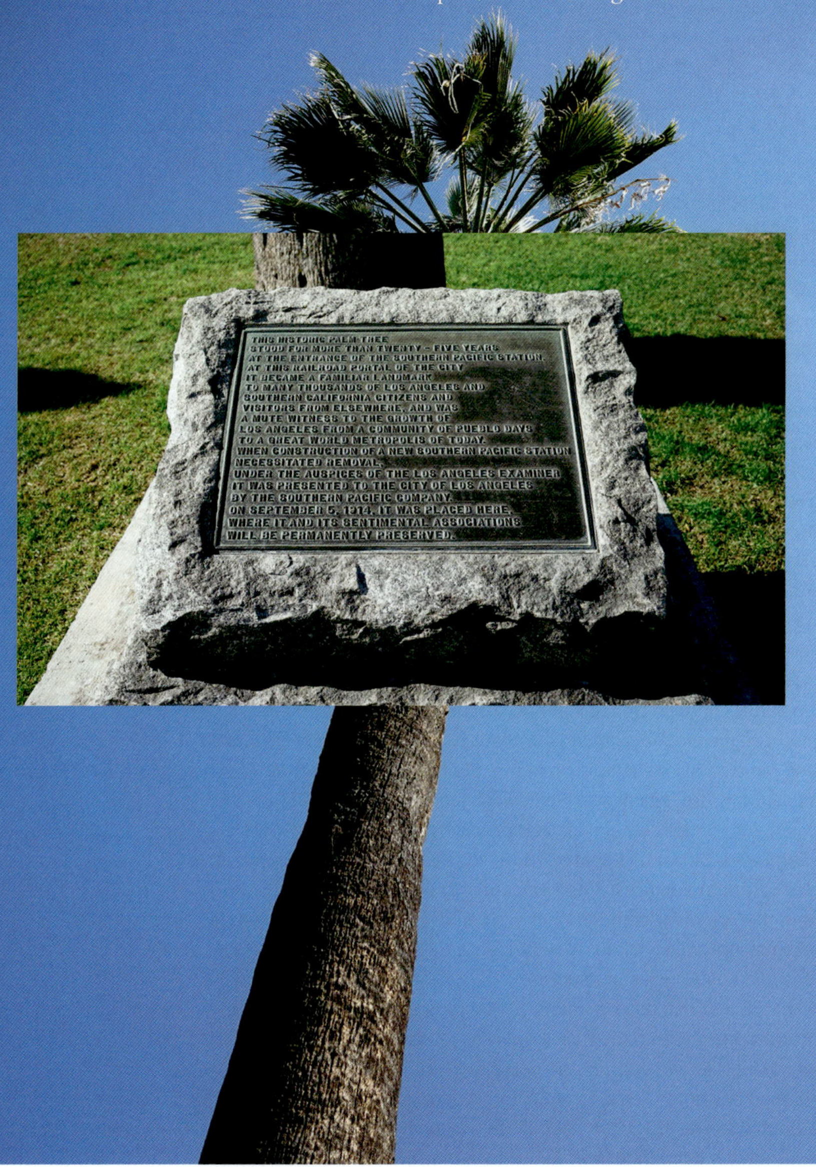

Christian Mayer
Palm Capsule, 2015[*]

* 7 Digitalfarbdrucke auf Blueback-Papier, je 84,1 x 118,9 cm; © Bildrecht, Wien, 2016
Pinnwandgalerie der Abteilung Ortsbezogene Kunst, WS 2014/15

Wer eine Zeitkapsel vergräbt, die von zukünftigen Generationen gefunden
und geöffnet werden soll, dessen größte Herausforderung besteht darin,
sicherzustellen, dass sich jemand in der Zukunft an diese Kapsel erinnern
wird. Als eine der vielversprechendsten Methoden, dem drohenden Vergessen entgegen zu arbeiten, hat sich die Veröffentlichung von Informationen über die jeweilige Zeitkapsel in Büchern erwiesen. Eines Tages in der
Zukunft – so die Hoffnung der Urheber_innen – würde eine Person beim
Durchblättern des entsprechenden Buchs auf den Hinweis über die Existenz
der Kapsel stoßen, was zu deren Ausgrabung und Öffnung führen könnte.
Ich will dieser Strategie folgen und die hier vorliegende Publikation, von
deren Relevanz für zukünftige Generationen ich überzeugt bin, nutzen, um
Wissen über eine Zeitkapsel mit dem Namen *Palm Capsule* (Palmenkapsel)
zu verbreiten, die ich im Juni 2015 vergraben habe.

 Palm Capsule ist ein 35 x 35 x 75 Zentimeter großer, luftdichter
Edelstahlbehälter, der jetzt im Boden des Exposition Park in Los Angeles
liegt, direkt neben der historischen Palme, die auf den vorherigen Seiten
dieses Buchs vorgestellt wird.

 Über 150 Jahre im Boden von L.A. machen diese Palme zu einer
stummen Zeugin der Verwandlung der Stadt von ihren Anfängen als Pueblo
Siedlung hin zur Millionenstadt von heute. Sie befindet sich seit 1914 im
Exposition Park; ihre Lebensgeschichte kann jedoch bis in die 1850er-Jahre
zurückverfolgt werden, als sie aus der kalifornischen Colorado-Wüste in
L.A.s San Pedro Street und später, 1888, vor den Eingang des Hauptbahn-
hofs der Southern Pacific Railroad umgepflanzt wurde. In den 26 Jahren,
die sie in der Folge vor dem Bahnhof verbrachte, hieß sie viele tausende
Neuankömmlinge willkommen, was ihr kurzzeitig den Status eines Wahr-
zeichens von Los Angeles einbrachte.

 Nach dem Abriss des Bahnhofs 1914 wurde eine weitere Umpflan-
zung notwendig wodurch die Palme an ihren jetzigen Standort kam.
„Sie wurde hierher versetzt, um sie und ihre sentimentalen Assoziationen
dauerhaft zu bewahren", wie es auf einer Gedenktafel neben der Pflanze
heißt. Doch weitere 100 Jahre nach dieser Ankündigung nähert sich die
Palme allmählich dem Ende ihrer Lebensspanne, was obige Behauptung

hinfällig machen würde. Denn schon heute ist die Lebensgeschichte dieser Palme fast völlig vergessen und könnte durch ihren bevorstehenden Tod innerhalb weniger Jahre gänzlich in Vergessenheit geraten.

Die *Palm Capsule* ist von der Hoffnung getragen, dieses Vergessen aufschieben und die Geschichte der Palme ins 22. Jahrhundert hinein verlängern zu können. Direkt neben der Palme vergraben, enthält sie wissenschaftliche und künstlerische Beiträge, die vornehmlich von in Los Angeles ansässigen Künstler_innen, Schriftsteller_innen, Historiker_innen und Wissenschaftler_innen nach einer intensiven Auseinandersetzung mit der Palme und ihrer Geschichte entwickelt wurden. Sie sollen nun als Nachricht an die Menschen des Jahres 2115 einhundert Jahre in ihrem sicheren Metallbehälter im Erdreich verbleiben. Der Inhalt der Beiträge ist zwischen Wissenschaft und Fiktion angelegt, ohne den Anspruch auf eine genaue Rekonstruktion historischer Ereignisse zu erheben. Es geht vielmehr darum, eine Art Mythos zu erschaffen, der nach der Ausgrabung der Kapsel aus den einzelnen Fragmenten neu zusammengesetzt und verbreitet werden könnte.

Palm Capsule enthält Beiträge von Kathryn Andrews, James Benning, Kaucyila Brooke, York Chang, Young Chung, Zoe Crosher, Victoria Dailey, Morgan Fisher, Andreas Fogarasi, Andrea Fraser, Mariah Garnett, Lenz Haring, Marcus Herse, Donald R. Hodel, Darcy Huebler, Alice Könitz, Sonia Leimer, Christian Mayer, Herbert Mayer, Devon McDonald-Hyman, Kimberli Meyer, Davida Nemeroff, Luciano Perna, Gala Porras-Kim, Stephen Prina, Mandla Reuter, Six&Petritsch, Stephanie Taylor, Geoff Tuck, Erin Olivia Weber, Alexander Wolff, Alexis Hyman Wolff und Heimo Zobernig.

Palm Capsule ist in einer Tiefe von zwei Metern bei den Koordinaten 34.01402332° nördlicher Breite und 118.28326748° westlicher Länge vergraben. Sollten Sie diesen Text im Jahre 2115 oder später lesen, möchte ich Sie bitten, diese Information weiterzuleiten, um sicherzustellen, dass die Kapsel ausgegraben und geöffnet wird, sodass ihr Inhalt sich entfalten kann wie ein Sämling, dessen Saat 100 Jahre zuvor gepflanzt worden ist.

Christian Mayer
Palm Capsule, 2015[*]

[*] 7 digital prints on blue-back paper, color, 84.1 x 118.9 cm each; © Bildrecht, Vienna, 2016
Pinnwandgalerie at the Department of Site-Specific Art, winter semester 2014/15

If you bury a time capsule to be found and opened by future generations, your biggest challenge is to make sure that somebody in the future remembers your capsule. To publish information about the capsule in books that are preserved by libraries has long been one of the most promising approaches to avoid oblivion. One day in the future — that's the initiator's hope — some person might stumble upon this book and gain knowledge about the time capsule's existence, which would lead to the capsule's unearthing and opening. I want to carry out this strategy by using this publication, of whose relevance for future generations I am positive, to spread knowledge about a time capsule I buried in June 2015 under the name *Palm Capsule*.

Palm Capsule is a 14 x 14 x 30–inch airtight stainless-steel box buried at Exposition Park in Los Angeles, next to the historic palm tree that's presented on the pages prior to this. With more than 150 years of history in L.A.'s soil, the palm acts as mute witness to the growth of the city from its early days as a Spanish civilian pueblo to the megalopolis of today.

The tree has been located in Exposition Park since 1914; its life story can be traced back to the late 1850s, when it was moved from California's Colorado Desert to L.A.'s San Pedro Street, and then to the front of the main entrance of the Southern Pacific Railroad's Arcade Depot Railway Station in 1888. As the tree greeted thousands of new arrivals to the city during its twenty-six years outside the station, it earned its status as an L.A. landmark.

After the demolition of the train station in 1914, another relocation was necessary, and the tree was replanted at its current site. "It was placed here, where it and its sentimental associations will be permanently preserved," the plaque next to the palm declares. But one hundred years later, this palm finds itself at the end of its natural life span, and this sentence might be proved wrong soon. Almost completely forgotten today, the life story of this palm might vanish completely together with the death of the physical object in a matter of years.

Palm Capsule intends to prolong this living history into the twenty-second century by burying a time capsule filled with scientific and artistic contributions developed by primarily Los Angeles–based artists, writers, historians, and scientists after an exploration of the tree and its story. Buried next to the palm and intended to remain underground for one hundred years, this capsule pens a note to the people of the year 2115. With contents positioned between science and fiction, it does not intend to give an accurate record of historical events, but rather to initiate a sort of myth that could be reconstructed out of these fragments and spread after its unearthing.

Palm Capsule features contributions by Kathryn Andrews, James Benning, Kaucyila Brooke, York Chang, Young Chung, Zoe Crosher, Victoria Dailey, Morgan Fisher, Andreas Fogarasi, Andrea Fraser, Mariah Garnett, Lenz Haring, Marcus Herse, Donald R. Hodel, Darcy Huebler, Alice Könitz, Sonia Leimer, Christian Mayer, Herbert Mayer, Devon McDonald-Hyman, Kimberli Meyer, Davida Nemeroff, Luciano Perna, Gala Porras-Kim, Stephen Prina, Mandla Reuter, Six&Petritsch, Stephanie Taylor, Geoff Tuck, Erin Olivia Weber, Alexander Wolff, Alexis Hyman Wolff, and Heimo Zobernig.

Palm Capsule is buried at 34.01402332° latitude and 118.28326748° longitude at a depth of 6.5 feet. If you happen to read these words in the year 2115 or later, I would kindly ask you to share this information with others to make sure that the capsule will be unearthed and opened and that its contents will unfold like a newborn plant from a seed that was planted one hundred years before.

Jahres 2016 zu, würde der Menschheit mit den Mitteln der Naturwissenschaft eine neue formale Rolle im Erdsystem zugesprochen: die des *systems changer*, also einer Kraft, die nicht nur an der Oberfläche kratzt, sondern die planetaren Abläufe grundlegend und vor allem dauerhaft verändert.

Aktuelle Zahlen illustrieren, wie realistisch die Anthropozän-Hypothese in geologischer Hinsicht ist. So ist bereits heute nur noch ein Viertel der eisfreien Landoberfläche in einem menschlich eher unbeeinflussten Zustand. Statt in *Biomen*, also natürlichen Lebensräumen, leben wir heute hauptsächlich in *Anthromen* (Erle Ellis), also menschengemachten Kulturlandschaften. Der Mensch lagert durch Landwirtschaft und Bautätigkeit fast dreißig Mal mehr Sediment und Gestein um, als es im Schnitt der letzten 500 Millionen Jahre ohne sein Zutun der Fall war. Er gestaltet ganze Wassersysteme um und trocknet Binnenmeere wie den Aralsee aus. Die Sedimentfracht der Flüsse wird von zehntausenden menschengemachten Staudämmen abgefangen und gelangt nur noch zu einem geringen Teil ins Meer. Dort ziehen sich die Flussdeltas mangels Sedimenten zurück, was in den betroffenen Gebieten den Meeresspiegel stark steigen lässt. Plastikpartikel werden zum neuen Sedimenttyp. In manchen Regionen des Pazifiks kommen heute auf ein natürliches Planktonteilchen 50 Plastikteilchen, die von Fischen mit Plankton verwechselt und gefressen werden.

Die Hälfte des kontinuierlich verfügbaren Süßwassers wird inzwischen in der einen oder anderen Form vom Menschen genutzt, was massive Änderungen in Fließmustern zur Folge hat. Eine weitere geologische Umgestaltung stellt der menschliche Umgang mit Rohstoffen für die Industrieproduktion dar. Aluminium, seltene Erden, Phosphat und viele andere Stoffe werden aus konzentrierten Lagern extrahiert und über die Entsorgung von Elektroschrott und Abraum global neu verteilt. Mengenmäßig noch mehr ins Gewicht fallen die Abgase aus der Gewinnung und Verbrennung fossiler Energieträger und aus der industrialisierten Landwirtschaft: Der Gehalt von Kohlendioxid in der Atmosphäre war seit vielen Millionen Jahren nicht höher, der menschengemachte Stickoxid- und Schwefeldioxid-Ausstoß übersteigt nun natürliche Quellen. Selbst wenn ab sofort weder Erdöl, Erdgas noch Kohle mehr verbrannt würden, würde es wegen der langen Verweildauer von CO_2 in der Atmosphäre tausende bis zehntausend Jahre dauern, bis wieder vorindustrielle Werte erreicht wären.

Die Ausrottung von Tieren im Pleistozän vor einigen zehntausend Jahren erweist sich heute nur als Auftakt für ein viel gewaltigeres Geschehen: Die Aussterberate von Tier- und Pflanzenarten ist derzeit vielfach höher als im früheren Mittel. Zugleich erhöhen Menschen die biologische Vielfalt durch Eigenschöpfungen im Dienst ihrer Bedürfnisse, und sie helfen durch globale Transporte und Mobilität vielen Arten, sich weltweit über ihre bisherigen Areale hinaus auszubreiten. In den Labors von Biotechnikern entstehen heute immer neue Lebensformen, von genveränderten Nutzpflanzen bis hin zu Bakterien mit einem synthetisch erzeugten Erbgut. Menschliches Tun verändert massiv die Zusammensetzung von Lebensgemeinschaften und damit langfristig sogar den Fossilienbestand der Zukunft. Die bisherige *blinde*, also zweckfreie Evolution wird durch eine *gerichtete* Evolution ergänzt, in der sich Bedürfnisse wie fleischreiche Ernährung, aber auch Unfähigkeiten des Menschen widerspiegeln, etwa wenn multiresistente Bakterien und Viren entstehen. Ähnlich langfristig wie evolutionäre Veränderungen wirken Atombombentests und Unfälle in Kernkraftwerken mit ihrer Signatur von Radionukliden.

Allein zwischen 2000 und 2012 ist eine 1.100 mal 1.100 Kilometer große Waldfläche abgeholzt worden, hauptsächlich, um Platz für den Anbau von Soja und Ölpalmen zu machen. Die CO_2-Emissionen erreichten 2013 einen Rekordwert von 36 Milliarden Tonnen. Wenn sich der Trend fortsetzt, rechnen Forscher_innen mit einer Erderwärmung um mehrere Grad in diesem Jahrhundert. Insgesamt 80 Milliarden Tonnen Material, zehn Tonnen pro Kopf, werden weltweit aus Bergwerken geholt und nach ihrer Verarbeitung rund um den Globus bewegt, um die Wirtschaft am Laufen zu halten. Die Siedlungsgebiete wachsen — vor allem in Asien und Afrika. In China ist der Deutschen Energie-Agentur zufolge die Hälfte der aktuellen Gebäudefläche nach dem Jahr 2000 entstanden. Zusammengenommen prognostiziert die UN, dass diese Siedlungsflächen in wenigen Jahrzehnten die Größe Australiens einnehmen.

Wenn man die heutigen Trends einer wachsenden Weltbevölkerung und eines wachsenden Ressourcenverbrauchs weiterdenkt, zeigt sich, dass die Erde in der Zukunft noch deutlich stärker vom Menschen geprägt sein wird, als es ohnehin schon der Fall ist. Stoermers und Crutzens Anthropozän-Idee hat den Perspektivenwechsel mit diesem neuen Wort auf den Punkt

gebracht und stellt nun die Umweltdebatte quasi auf den Kopf.
Diskutiert wird nun, wann genau der Beginn der neuen Erdepoche datiert werden soll: am Ende des 18. Jahrhunderts mit der
Erfindung der Dampfmaschine, 1945 mit der Explosion von zahlreichen Atombomben und der beginnenden globalen Ausbreitung von Plastik? Oder gar im 17. Jahrhundert, als der Genozid
an den nordamerikanischen Ureinwohnern durch Europäer
so viel neuen Wald wachsen ließ, dass die globale CO_2-Konzentration in der Atmosphäre sank und eine leichte Abkühlung
nach sich zog?

Solche Detailfragen sind wichtig. Sie lenken den Blick
darauf, dass die Anthropozän-Idee zuallererst eine naturwissenschaftliche Hypothese ist, die besagt, dass die vom Menschen
initiierten Veränderungen sich bereits in geologisch sichtbarer
Form niederschlagen und von ausreichend langfristiger Natur
sind, um sie auf der Zeitskala der Erdgeschichte zu verorten.
Zugleich lässt sich das Anthropozän aber als Beginn einer neuen
Gesamtsicht der Rolle des Menschen auf der Erde interpretieren,
einer Gesamtsicht, die in einem offenen kollektiven Prozess erst
entwickelt wird.

Das Anthropozän-Konzept: Von der Umwelt zur Unswelt

Das Anthropozän ist international bereits Gegenstand zahlreicher kultureller und wissenschaftlicher Projekte. Zu nennen
sind unter anderem das *Anthropozän-Projekt*, an dem zwischen
2012 und 2014 das Haus der Kulturen der Welt Berlin, die
Max-Planck-Gesellschaft, das Deutsche Museum sowie das
Institute for Advanced Sustainability Studies Potsdam (IASS)
zusammengearbeitet haben, ebenso wie die Sonderausstellung
Willkommen im Anthropozän am Deutschen Museum, die im
Dezember 2014 eröffnet wurde. Der relativ rasche Übergang
einer geologischen Idee in den kulturellen Diskurs zeugt
vom großen Potential des Anthropozän-Begriffs. Er ist nicht
einfach nur eine Zustandsbeschreibung oder ein einzelnes
Wort, das die Summe aller Umweltprobleme zusammenfasst,
sondern steht für einen neuartigen „Prozess, der über sich
selbst reflektiert", wie es der Wissenschaftshistoriker Jürgen
Renn formuliert hat.

Das Anthropozän macht einen ideengeschichtlichen
Graben sichtbar. In der kulturellen Tradition der westlichen

Welt wurde lange Zeit relativ scharf zwischen Natur und Kultur sowie zwischen biologisch Lebendigem und technisch Geschaffenem unterschieden. Diese Dualismen sind bis heute prägend dafür, wie Menschen sich selbst und die Welt wahrnehmen. Früher diente die Unterscheidung zwischen Natur und Kultur eher dazu, das *höherwertige* menschliche Tun von der *minderwertigen* Natur abzugrenzen. Heutzutage kommt die Trennung in Natur und Kultur auch in umgekehrter Weise zum Ausdruck, etwa wenn vermeintlich *unberührten* Wildnisgebieten im Gegensatz zu Städten ein höherer ökologischer Wert beigemessen wird.

Doch seit einigen Jahrzehnten verlieren diese alten Grenzziehungen an Bedeutung. Vom Klimawandel bis zur synthetischen Biologie ist die Erde heute von Phänomenen geprägt, bei denen sich die Sphären von Natur, Kultur und Technik auf neue Weisen vermengen. Der Mensch hat das Erdsystem schon seit seinem Entstehen als biologische Art vor rund 250.000 Jahren genutzt und verändert. Während diverser Eis- und Zwischeneiszeiten des Pleistozäns war Homo sapiens als Jäger so effektiv, dass er etliche Arten ausrottete, etwa das Wollnashorn und den Riesenhirsch. Im nacheiszeitlichen Holozän schaffte die Menschheit einen steilen Aufstieg zu einer wichtigen Kraft im Erdsystem. Ihre Mitglieder entwickelten Ackerbau, Viehzucht, Städtebau, Handel, Verkehr. Sie begannen dabei, Stoffströme zu verändern und ihre Umwelt regional grundlegend umzugestalten, etwa durch die Abholzung im Mittelmeerraum und die Kultivierung weiter Landstriche für die Ernährung.

Seit Beginn der Industrialisierung, also in den vergangenen 250 Jahren, haben sich die Effekte menschlichen Handelns nicht nur globalisiert, sie treten zugleich mit einer nie dagewesenen Wucht auf und führen zu extrem langfristigen Veränderungen, ja zu einer Reorganisation des gesamten Erdsystems.

Bereits der jesuitische Philosoph Teilhard de Chardin (1881–1955) sowie der russische Geologe Wladimir Wernadski (1863–1945) haben zu Beginn des 20. Jahrhunderts über kulturelle Weiterungen der neuen, anthropogenen Geologie der Erde nachgedacht. De Chardin und Wernadski sprachen von der *Noosphäre*, der Sphäre der Kommunikation und des Wissens, als neuem und gleichbedeutendem Element zusätzlich zu Geosphäre und Biosphäre. Sie hoben die enorme Gestaltungskraft hervor, die dem Menschen für die Erde der Zukunft zuwächst. Das wirft die Frage auf, was es bedeutet, das Holozän zu verlassen und künftig im Zeitalter des Menschen zu leben.

In manchen Veröffentlichungen zum Anthropozän klingt es so, als handle es sich bei der Idee einer neuen geologischen Erdepoche nur um einen neuen Sammelbegriff für all das, was als Umweltproblem gilt, also die Summe aller ökologischen Frevel. Solche Katastrophenszenarien hat man schon oft gelesen, sie verleiten gerne dazu, sich frustriert abzuwenden. Das Anthropozän wäre unter diesem Blickwinkel etwas, was es mit allen Mitteln zu verhindern gilt. Die heutigen Umweltschutzbemühungen ließen sich als Versuch auffassen, im Holozän zu verbleiben.

Eine solch enge Sichtweise des Anthropozäns blendet aber die gewaltigen kulturellen, technischen und auch ökologischen Leistungen des Menschen aus. Landwirtschaft, Städtebau, Medizin und Wissenschaft haben über die Jahrhunderte neben allen krisenhaften und problematischen Seiten ein extrem positives Potential des Menschen zur Gestaltung seines Lebensraums und zur Transformation der Erde vorgeführt. Die Welt ist voll von technischen Meisterleistungen wie Brücken, Satelliten, Computern und dem Internet; die Kunst und andere kreative Tätigkeiten erleben einen ungeahnten Höhenflug. Kulturlandschaften, von den renaturierten Isarauen bis zu den Reisfeldern Asiens, sind Ausdruck einer gärtnerischen Fähigkeit. Oftmals liegt die Biodiversität solcher Kulturlandschaften über der von menschlich weniger beeinflussten Gebieten. Über Infrastrukturen, die den Menschen global vernetzen, entsteht ein ständiger Wissens- und Erfahrungsaustausch, bei dem kollektive Denk- und Entscheidungsprozesse allerdings in einem Ringen mit dunklen Kräften von Geheimdienstüberwachung und totaler Kommerzialisierung stehen.

Das Anthropozän bietet einen Rahmen für Debatten darüber, wie solche offenen Prozesse weiterverlaufen können und letztlich auch sollen. Es bietet selbst eine neue, nicht-dualistische Perspektive auf die Welt, jedoch kein neues Weltbild, keine Weltanschauung. Es schärft den Blick dafür, was bisherige Gesamtsichten der Erde (wie etwa der geistergläubige Animismus, die deterministische Schöpferwelt, der technik- und fortschrittsgläubige Industrialismus, aber auch der holozänkonservative klassische Naturschutz) geleistet haben und was nicht. In seiner Langatmigkeit und schieren geologischen Dimension macht das Anthropozän, selbst als lineares Zeitkonzept

Ausdruck westlichen naturwissenschaftlichen Fortschrittsdenkens, die Engführung des modernen Kapitalismus spürbar, der im Sekundentakt Milliardenbeträge verschiebt, mit denen Ökosysteme direkt verändert werden, der aber über keinerlei Wertmaßstab für das verfügt, was man *Ökosystem-Dienstleistungen* nennen könnte. Der Kapitalismus erscheint als hysterisches, von Kurzsichtigkeit geprägtes Gebilde ohne Gespür für seine eigenen Lebensgrundlagen.

Kern des Anthropozän-Konzepts ist die Einsicht, dass Menschen nicht von einer fremden, durch sie gestörten Umwelt isoliert und umgeben sind, sondern dass sie gerade heute immer mehr Teil dieser Umwelt werden, die damit vielleicht besser *Unswelt* genannt werden sollte. Zudem verortet das Konzept den Menschen auf der langen Skala der Erdgeschichte und schafft damit eine Grundlage, heutiges Kurzfristdenken zu überwinden. Der Anthropozän-Gedanke hat also das Potenzial, den Dualismus (gute) Natur versus (böser) Mensch samt seiner Technik und Kultur zu überwinden und stattdessen Natur-Kultur-Technik-Gesellschaft als interagierendes, wenn auch hochkomplexes Gesamtsystem mit neuen funktionalen und ontologischen Ensembles zu sehen. Daraus resultiert eine immens hohe Wirkungsmächtigkeit und Verantwortung nicht nur von Inhabern formaler Macht, sondern auch jedes Einzelnen, sich in diese *Unswelt* in geeigneter Weise einzubringen, sie zu nutzen und mitzugestalten.

Vorteile und Herausforderungen des Anthropozän-Konzepts

Das Anthropozän ist keine abstrakte Sache, es spielt im Alltag jedes Menschen – auch jedes künftigen Menschen – eine Rolle. So wird es immer wichtiger, die Wechselwirkung des eigenen Handelns (und Nichthandelns) mit dem Erdsystem wahrzunehmen. Konsum oder Nicht-Konsum und Obergrenzen für Verbrauch sind wichtige Themen, wenn sich durch Massennachfrage in kürzester Zeit neue Produkte aus den Entwicklungslabors von Elektrofirmen oder Pflanzenzüchtern millionen- und milliardenfach vermehren. Es geht um neue Prioritäten für das Wirtschaften, um neue Statussymbole, zu denen durchaus auch die Fähigkeit zum Verzicht gehören kann, insbesondere aber um das Bewusstsein, dass sich eine globale Gesellschaft aus lokalen Gesellschaften und Individuen speist. Lokales Handeln innerhalb eines globalen Ethos, das wäre das hohe Ziel für eine zukunftsfähige, langzeitverantwortliche Gestaltung des künftigen Anthropozäns – schließlich wäre es ein sinnvolles Leitmotiv, dass das Anthropozän kein geologisches Ereignis, vergleichbar einem Meteoriteneinschlag oder einer Klimastörung sein sollte, sondern ein lang andauerndes Erdzeitalter.

Zurecht richten sich viele kritische Fragen an die Anthropozän-Idee: Gibt es hinreichend Indizien für die Geologie der Zukunft, um die wissenschaftliche Nomenklatur so stark zu verändern? Kann das Wort missbraucht werden, um eine Art globale Sippenhaftung aller Menschen für Probleme wie den Klimawandel zu verhängen, die in Wahrheit von einer Minderheit im kapitalistischen Westen verursacht werden? Und richtet die Idee den Fokus zu sehr auf den Menschen, trägt also zum ohnehin problematischen Anthropozentrismus bei?

Falsch angewandt könnte das Anthropozän-Konzept als Legitimation für technischen Größenwahn benutzt werden, für eine positivistische Selbstüberschätzung, die Zukunft in allen Details vorhersagen zu können und auf simplifizierende Lösungen zu setzen, wie Geo-Engineering, etwa das in seinen systemischen Auswirkungen undurchdachte dauerhafte Einblasen von Aerosolen in die Atmosphäre, um die Sonneneinstrahlung zu verringern und dadurch die globale Durchschnittstemperatur zu senken.

All diese Bedenken sind berechtigt und müssen erörtert werden. Ein Schlüssel dazu, die Idee für die Gesellschaft fruchtbar zu machen, ist es, sie als ergebnisoffenes Gestaltungsprojekt zu definieren, das alle Menschen durch eine Vielzahl von potenziell positiven wie negativen Ursachen und Wirkungen miteinander verbindet und so zu einem rücksichtsvollen und weitsichtigen Verhalten verpflichtet. Das Anthropozän ist dann nicht nur eine rein physische Zustandsbeschreibung, sondern auch Anspruch und Wegweiser. Eine solche offenere Sicht könnte zu einem modernen Kant'schen Imperativ überleiten, zum Auftrag an alle *anthropoi*, unterschiedlichste Lebensstile zu entwickeln, die potenziell allen offenstehen, weil sie die Würde aller anderen Menschen, die Vielfalt der Kulturen wie auch die langfristige Integrität des Erdsystems und seiner nichtmenschlichen Mitglieder respektieren. Es geht in einer solchen Auffassung vom Anthropozän weder um die Akzeptanz all dessen, was Wissenschaft und Technik leisten könnten, noch um eine Verengung des Blickfeldes auf den Menschen. Ganz im Gegenteil kann das

Anthropozän die Arena werden, in der eine echte Partizipation der Bevölkerung an der Gestaltung der Erde erprobt wird und mehr noch eine Einbeziehung der Lebensinteressen der Millionen anderer Arten, mit denen wir die Erde teilen und auf die wir existentiell angewiesen sind.

Wissenschaft und Technik sind in der Anthropozän-Debatte auf mehrfache Weise gefragt und wichtig: Zum einen sind viele der aktuellen geologischen, chemischen und biologischen Umbrüche das Ergebnis wissenschaftlich-technischer Entwicklungen. Ohne Dampfmaschinen hätte es die Menschheit nie geschafft, fossile Brennstoffe in solchen Quantitäten zu fördern und zu verbrennen, dass mehr als zwei Billionen Tonnen Kohlendioxid zusätzlich in der Atmosphäre landen konnten. Ohne das Haber-Bosch-Verfahren, bei dem Stickstoff aus der Luft in Dünger verwandelt wird, wären die meisten Menschen von heute wohl erst gar nicht geboren worden, weil nur dieses Verfahren eine starke Intensivierung der Landwirtschaft ermöglicht hat. Ohne das gewachsene Wissen der Biologie gäbe es heute keine genveränderten Pflanzen und Tiere, die das Potential haben, den weiteren Verlauf der Evolution zu beeinflussen. Zugleich stellen Wissenschaft und Technologie die Instrumente, Mess- und Analyseverfahren zur Verfügung, um den wachsenden Einfluss des Menschen auf das Erdgeschehen zu erfassen und zu verstehen. Die zahlreichen Satelliten, die um die Erde kreisen und in Echtzeit ein Abbild wichtiger klimatischer und ökologischer Veränderungen übermitteln, sind auch ein Ausdruck des Anthropozäns. Integraler Teil der Idee ist das Verstehen und die Bewusstwerdung des Erdsystems und der Rolle des Menschen in ihm. Zudem stellt die Anthropozän-Idee wichtige Fragen an die Wissenschaft selbst: Lassen sich die neuen Phänomene innerhalb der bestehenden Fächer- und Institutsgrenzen und Fördermechanismen wirkungsvoll erforschen? Macht es überhaupt noch Sinn, von reiner Naturwissenschaft zu sprechen, wenn Natur in Zukunft stark von sozialen Prozessen beeinflusst ist? Müssen sich umgekehrt Sozial- und Geisteswissenschaften nicht viel stärker dem Themenkreis und der Methodik der Naturwissenschaften zuwenden? Brauchen wir dazu nicht auch eine neue Art inter- und transdisziplinärer Wissensgenerierung – die Anthropozän-Wissenschaften? Und muss sich die Wissenschaft insgesamt für partizipative Prozesse öffnen, da ihre Rolle für die weitere Entwicklung der Erde so zentral ist?

Eine der größten Chancen der Anthropozän-Idee liegt darin, dass sie den Menschen tief in die Natur integriert und damit ein Wirtschaftssystem überwinden hilft, das Natur bisher als *Externalität* ignoriert hat. In der neuen Welt des Anthropozäns gibt es kein Innen und kein Außen mehr. Menschen sind keine von außen kommende Kraft, die ein ansonsten natürliches System stört, sondern gerade wegen ihrer vielen Eingriffe in die Umwelt Teil und Akteure des Erdsystems. Was wir früher Natur nannten, erfährt eine provokante und durchaus problematische Umdeutung: Natur wird zur grünen Infrastruktur und letztlich zum grünen Sicherheitssystem der menschlichen Zivilisation. Auf einem urbanisierten Planeten ist der Amazonas so etwas wie der Central Park der Erde. Wildtiere wie Orang-Utans und Tiger bekommen den Status von Haustieren, weil sie in ihrem Überleben auf unser Management angewiesen sind. Moore und Regenwälder sind in dieser Sichtweise CO_2-Speicher, polare Gebiete Klimaanlagen, Gletscher Süßwasserspeicher, Mangrovenwälder und Korallenriffe bilden die Infrastruktur des Küstenschutzes.

Zugleich wird das, was wir früher Kultur nannten, zum quasi natürlichen Bestandteil der Biosphäre. In dieser Logik sind nicht nur Äcker, sondern auch die vielen zehntausend Siedlungen und Städte eigene Ökosysteme, die in Zukunft wie Regenwälder oder Moore als neue Art von Natur funktionieren müssen. Unsere Maschinen sind dieser Perspektive folgend Bewohner der Erde, die sich irgendwie in deren Stoffwechsel einfügen müssen.

Natur und Kultur, Lebewesen und technische Objekte, Gewordenes und Erdachtes bilden im Anthropozän neuartige Hybride und Amalgame, die erst noch erkannt und erforscht werden müssen, um sie in gesellschaftliche Entscheidungsprozesse einbeziehen zu können. Ob die Anthropozän-Idee dazu beiträgt, den dualistischen Graben — Natur hier, Kultur dort — zu überwinden, wird sich zeigen. Es wäre schon viel erreicht, wenn die Zeitdiagnose dabei helfen würde, die umfassende Verantwortung für die Erde der Zukunft zu erkennen, und zwar auf allen Skalen, vom individuellen Konsumverhalten bis zu weitreichenden strategischen Prioritäten von Politikern und Managern. Wenn *anthropozänes* Denken dazu führt, dass es das *weg* im *wegwerfen* nicht gibt und dass unser eigenes menschliches Wohlbefinden stark mit dem Wohlbefinden von Tieren und Pflanzen verbunden ist, wäre viel gewonnen.

Gloria Meynen[*]

Schwarze Paradiese
Eine Reise zu den Enden der Welt

[*] Gloria Meynen ist Kultur- und Medienwissenschaftlerin und studierte Germanistik und
Philosophie in Köln, Bonn, Bochum, Konstanz und Berlin. 2004 Promotion mit einer Kulturgeschichte der Fläche bei Friedrich Kittler und Thomas Macho an der Humboldt-Universität
zu Berlin. 2004–11 wissenschaftliche Mitarbeiterin an der Humboldt Universität zu Berlin,
der Universität Basel (Eikones), der ETH und der Hochschule der Künste Zürich. Seit 2012
Lehrstuhl für Medientheorie und Kulturgeschichte an der Zeppelin Universität Friedrichshafen.
2014 gründete sie mit Bitten Stetter und Katharina Tietze (ZHdK) das Büro für nützliche
Fiktionen. Neben einer Medientheorie technischer Bilder publiziert sie zur Kultur- und
Mediengeschichte der Mondlandung sowie zur Theorie und Geschichte der Inseln und zur
Globalisierung.

Klimamodelle, Satellitenbilder, digitale Überwachungs- und Vermessungstechnologien bilden die Welt nicht nur ab. Sie sind Teil einer digitalen Kosmogonie, die die Welt mit digitalen Erdmodellen neu erschafft: „Erdmodelle kehren die empirische Wissenschaftstradition schnell um", schreiben John Palmesino und Ann-Sofi Rönnskog, „von der Versuchsdurchführung und Vermessung bewegen wir uns nun zur Theorie und von dort zur Modellbildung und Berechnung. Das abstrakte Rechenmodell wird zum Studienobjekt und dadurch zum Objekt der Planung."[1] Palmesino und Rönnskog sprechen von einem *Imperium der Berechnung*, dem sie zusammen mit Armin Linke und Anselm Franke im Berliner Haus der Kulturen der Welt 2013 eine gleichnamige Ausstellung gewidmet haben. An die Stelle indexikalischer Karten sind selbstreferentielle Modelle getreten. Schon Max Eckert, ein Schüler Friedrich Ratzels, hebt die Dominanz kartographischer Fiktionen hervor: „Wir operieren in Geographie und Kartographie mehr mit Fiktionen als allgemein eingestanden wird, ja wir gebrauchen Begriffe, die wir von einem theoretischen Standpunkt aus als falsch erkennen; trotzdem behalten wir sie bei, da sie praktisch ‚wahr‘ sind, d.h. nützlich und unentbehrlich.“[2] Eckert unterscheidet zwischen einer geographischen Induktion, Deduktion und Fiktion, um die Entfernungen zwischen Kartenbild und Territorium zu beziffern. Die geographische Induktion beschreibe die Praktiken der Geodäten und Kartographen im Feld. Topographische Karten versprechen, die Verbindung zu den Messpunkten im Gelände nicht abreißen zu lassen. Die geographische Deduktion nimmt dagegen die Karte selbst zum Ausgang neuer geodätischer Messungen — sie setzt keinen Fuß ins Gelände. Die kartographische Fiktion entstehe schließlich mit den Statistiken und der Berechnung der Mittelwerte. Alexander von Humboldts Linien gleicher Wärme etwa visualisieren Artefakte, die keine Entsprechung mehr im Gelände haben. In ihnen findet man die Anfänge der Datenvisualisierung, denen kein geographisches Territorium mehr entsprechen muss.

Before Zero

Das *Imperium der Berechnung* ist eng mit den Anfängen der mathematischen Kartographie verknüpft. Seine Zeitrechnung beginnt mit der Entdeckung der Neuen Welt. Als Christoph Kolumbus Amerika entdeckte und Ferdinand Magellan wenig später seine Weltumrundung über das Kap der Stürme begann, wurde mitten auf dem offenen Meer in der Einheit von Steuermann (*kybernetes*), Instrumentenmacher und Kartenmacher das *Imperium der Berechnung* zunächst mit wenigen Strichen skizziert. Doch die eigentliche Entdeckung fand vor der Reise statt. Magellan hat vermutlich der Zufall Martin Behaims *Erdapfel* (ca. 1492/93) in die Hände gespielt. Den Einfall und die Gewissheit, dass man die Erde umrunden könne, entnahm er der sphärischen Gestalt dieses ersten Globus.[3] Für die Navigation war er kaum zu gebrauchen. Doch zeigte er zum ersten Mal die Welt in globaler Perspektive, vieles mit erstaunlich wenig Verzerrung. Den Sinn für das Mögliche entnahm Magellan weniger der Beobachtung der Natur als dem Gebrauch eines technischen Geräts. Behaims *Erdapfel* demonstriert auf eingängige Weise, dass Routen im Raum durch Routinen auf der Papieroberfläche plan- und berechenbar werden.

Eine Karte, die niemals gedruckt wurde, ist ein früher Zeuge
dieser neuen Praxis. Der Kartenmacher Diogo Ribeiro hat
sein Handwerk auf dem Meer erlernt.[4] Er begleitete 1502, 1504
und 1509 die Flotten von Vasco da Gama, Lopo Soares und
Afonso de Albuquerque als Kapitän, berechnete 1518 den Kurs
für Magellan und suchte für Esteban Gómez ohne Erfolg an der
Küste von Florida einen Durchstich und schnellen Weg zu den
indonesischen Molukken. Seine Routen zeichnete er zwischen
1525 und 1529 mit leichter Hand auf vier Pergamente.[5] China
platzierte Ribeiro am äußersten Rand der Karte. Das Auge des
Kartenmachers hat China nur gestreift. Einige unterbrochene
Linien deuten eine Küste an. Ebenso unvollständig skizziert er
das Rote Meer. Es verschmilzt mit der Wüste der arabischen Halb-
insel. Die Aufmerksamkeit des Kartenmachers liegt stattdessen
auf einer einzigen Linie. Mit einem kühnen Strich hat Ribeiro die
Welt in zwei Hälften geteilt. Rechts sieht man Europa in äußerster
Detailtreue. Afrika ist bis zum Kap der Guten Hoffnung mit
durchgehenden Umrissen auf der Karte dargestellt. Links sind
dagegen nur wenige Striche und Kompassrosen auf der Tierhaut
verteilt. Die rechte Hälfte zeigt die Welt, wie sie bis zum Ende
des 15. Jahrhunderts entdeckt und erobert worden war. Die linke
Hälfte bleibt dagegen nahezu leer. Wie ein Buchhalter scheint
Ribeiro die *terra cognita* mit der *terra incognita* zu bilanzieren.
Im Zentrum seiner Karte steht eine Grenze, die die Umrisse der
Neuen Welt zeigt. „Land, das im Auftrag Seiner Majestät von
Esteban Gómez im Jahr 1525 entdeckt wurde", schreibt er neben
die Linie. Vom Buch der Entdeckungen hat er gerade mal die
erste Seite geschrieben. Die Leere auf Ribeiros Karte ist bezeich-
nend. Die Welt scheint hartnäckig darauf zu warten, entdeckt
und erobert zu werden. Sie hat keine Grenzen. Die Liste der

[1]   John Palmesino und Ann-Sofi Rönnskog/Territorial
      Agency, „Den Planeten planen", in: *The Whole Earth:
      Kalifornien und das Verschwinden des Außen*, hg. von
      Diedrich Diederichsen und Anselm Franke, Kat. Haus
      der Kulturen der Welt, Berlin 2013, S. 83-86.

[2]   Max Eckert, *Die Kartenwissenschaft. Forschungen und
      Grundlagen zu einer Kartographie als Wissenschaft*, Bd. 1,
      Berlin und Leipzig 1921, S. 13.

[3]   Vgl. Jerry Brotton, *A History of the World in Twelve Maps*,
      London 2012, S. 194.

[4]   Zur Biografie von Ribeiro vgl. a. a. O., S. 202.

[5]   Ab 1525 entstand eine Serie von Weltkarten beginnend
      mit der sogenannten „Castiglione", Archivo Conti Casti-
      glioni di Mantova. Eine spätere aus dem Jahr 1529 trägt
      die Inschrift „Carta Universal En que Se contiene todo
      lo que del mondo Se ha descubierto fasta agora: Hizola
      Diego Ribero cosmographo de Su magestad: Año de 1529
      en Sevilla. La qual Se devide en dos partes conforme A la
      capitulcion que hizieron los catholicos Reyes de españa, y
      El Rey don Juan de portugal en tordesillas: Año de 1494".

Entdeckungen soll fortgesetzt werden. Darauf verweisen die Navigationsinstrumente, ein Astrolab und ein Quadrant, die Ribeiro in der Größe seiner Kontinente auf die weißen Flecken der Karte gezeichnet hat. Das *Imperium der Berechnung* nimmt auf diesen vier nahezu leeren Pergamenthäuten mit einigen Linien und Navigationsinstrumenten erste Konturen an.

Die Stunde Null

Die Grenzen der Welt, die wir auf Ribeiros Karte so sehr vermissen, werden am Ende des 18. Jahrhunderts gezogen. Zu den letzten größeren weißen Flecken brach James Cook zwischen 1772 und 1775 auf seiner zweiten Reise in den Stillen Ozean auf. Nachdem er den Pazifik ohne Erfolg bis Ende 1774 abgesucht hatte, kreiste er weitere zwei Monate mit der *Resolution* auf einer Breite von 60 Grad um den Südpol und fand auch am 12. Januar „keine einzigen Anzeichen von Land [...] denn den Anblick einer einzelnen Robbe und einiger weniger Pinguine".[6] Mit den Robben erreichte er das Ende der bewohnbaren Welt: „Ich hatte nunmehr den südlichen Ozean in einer solch hohen Breite umsegelt und ihn solcher Art durchkreuzt, dass da nicht der geringste Platz für die Möglichkeit der Existenz eines Kontinentes außer nahe dem Pole geblieben war und außerhalb der Reichweite jeder Navigation."[7] Am 21. Februar 1775 war er am Ende seiner Möglichkeiten angelangt und setzte einen „Schlußpunkt unter die Suche nach dem südlichen Kontinent".[8] Wo zwei Jahrhunderte lang die Kartographen einen unentdeckten Kontinent vermuteten, hatte ihn nichts als die Einöde des Ozeans empfangen: „dichte Nebel, [...] Schneestürme und grimmige Kälte".[9] Cook war zu Ribeiros Kartenrändern gereist. Aber die Welt, die er entdeckte, war keineswegs unbegrenzt. Am unteren Kartenrand zeichnete Cook in seinem Logbuch einen dicken weißen Strich aus Eis, Nebel und Schnee. Die gefrorene Linie markierte eine Grenze. Der weiße Horizont war aufgetaucht, als die letzten weißen Flecken von den Weltkarten allmählich verschwanden. Die Welt, die Kolumbus, Gómez und Ribeiro noch offen stand, ist zum Ende des 18. Jahrhunderts verstellt.

Nur 22 Jahre nach Cooks Reise taucht das Wort *limit* in der politischen Ökonomie auf. Der Ökonom Thomas Malthus begründet mit der Grenze eine Arithmetik der Geburts- und Sterberaten. Die Grenzen der Welt berechnet er 1798 in zwei

Bänden in einem Bevölkerungsgesetz. Malthus ist davon überzeugt, dass die Bevölkerung sich alle 25 Jahre verdopple, die Nahrung auf der Erde aber linear wachse. Um das Bevölkerungsgesetz und die endlichen Grenzen zu veranschaulichen, verwendet der Ökonom das Bild des Gartens und der Insel. Malthus nimmt das Wachstum wörtlich: Der Ort des kultivierten Wachstums ist der Garten. Eine Insel kann die Wachstumsgrenzen am besten versinnbildlichen. „Es ist klar“, schreibt Malthus, „daß der in verschiedenen Staaten zu beobachtende Unterschied im Verhältnis der Nahrungsmittel und der davon zu erhaltenden Menschenmasse an eine Grenze gebunden ist.“[10] Legt man die exponentielle Kurve des Bevölkerungswachstums und die Gerade der Nahrungsproduktion übereinander, kann man die *Grenze* berechnen. Die Insel als Prototyp einer begrenzten Welt steht Malthus mit England und Schottland ganz deutlich vor Augen. Wenn die Bevölkerung alle 25 Jahre sich verdopple, werde sie „in wenigen Jahrhunderten [...] jeden Morgen Land auf der Insel in einen Garten umgewandelt haben“.[11] Die Verhältnisse der britischen Insel überträgt Malthus auf die Welt. Es gäbe nur einen einzigen Unterschied. Von Großbritannien kann man auswandern, der Welt aber kann man nicht entkommen.[12] Wenn die ganze Welt kultiviert und zu einem Garten geworden ist, die Bevölkerungszahl sich aber weiterhin verdopple, gelangen wir wie Cook an die Grenzen unserer Welt. Keine atomare Katastrophe, nicht die Sintflut – das Paradies und die Kultivierung zerstören das Gleichgewicht der Welt. Die Welt des Anthropozäns ist begrenzt. Sie ist eine Insel, ein Garten, ein schwarzes Paradies, aus dem man nicht vertrieben werden, aber auch nicht auswandern kann.

Als Cook und Malthus in der Welt und auf dem Papier die Grenzen der Welt entdecken, entsteht mit der Hydrologie eine Wissenschaft, die von einer Vielzahl neuer Instrumente befeuert

[6]   Cooks Logbucheintrag vom 22. Januar 1775, in: *James Cook, Entdeckungsfahrten im Pazifik. Die Logbücher der Reisen 1768–1779*, hg. von A. Grenfell Price, Wiesbaden 2011, S. 236.

[7]   Ebd.

[8]   A. a. O., S. 241.

[9]   Ebd.

[10]   Thomas Robert Malthus, *Eine Abhandlung über das Bevölkerungsgesetz, oder eine Untersuchung seiner Bedeutung für die menschliche Wohlfahrt in Vergangenheit und Zukunft, nebst einer Untersuchung seiner Aussichten auf eine künftige Beseitigung oder Linderung der Übel, die es verursacht*, Bd. 1, Jena 1905, S. 482.

[11]   A. a. O., S. 20 f.

[12]   Vgl. a. a. O., S. 21.

wird und beginnt, mit den Grenzen zu rechnen. Im Zentrum steht
der Begriff des Klimas – ein Wort, das schon in den Anfängen
keinen Naturzustand kennt. Humboldt schreibt: „Das Wort Klima
umfasst in seiner allgemeinsten Bedeutung alle Veränderungen
in der Atmosphäre, von denen unsere Organe merklich afficirt
werden."[13] Er nennt die Temperatur, den Luftdruck, die Winde,
die Luftreinheit, die elektrostatische Aufladung der Atmosphäre,
die Anzahl der Sonnenstunden und vieles mehr. Mit Klima
bezeichnet er aber nicht allein eine physikalische Größe, sondern
vielmehr eine Relation, den Einfluss des Wetters auf „die Ge-
fühle und ganze Seelenstimmung des Menschen". Die Seelenstimmung verbindet Humboldt mit einer Formulierung: „das Klima
verändern"[14] und meint damit die Kultivierung von Feldern,
Wiesen und Wäldern. Mit dem Klima erklärt Humboldt die
Erde zu einem Treibhaus. Mit den Wechselwirkungen zwischen
Luftmeer und Landmeer behandelt er sie zum ersten Mal als
geschlossenes System. Auch Herder hat in den *Ideen zur Philosophie der Geschichte der Menschheit* das Wettermachen zum Teil
einer ungeschriebenen Kulturgeschichte gemacht: „Wir können
[...] das Menschengeschlecht als eine Schaar kühner, obwohl
kleiner Riesen betrachten, die allmählich von den Bergen her-
abgestiegen, die Erde zu unterjochen und das Klima mit ihrer
schwachen Faust zu verändern. Wie weit sie es darin gebracht
haben mögen, wird uns die Zukunft lehren."[15] Mit dem menschengemachten Klima zielt Herder auf die Anfänge des Anthropozäns. Dieses gründet auf der Industrialisierung der Natur.
Der Chemiker und Nobelpreisträger Paul Crutzen datiert es
bekanntlich auf das späte 18. Jahrhundert. Die Konzentration
von CO_2 und Methan habe in der Atmosphäre seitdem zuge-
nommen, das zeigten arktische Bodenproben. Crutzen erwähnt
Watts Dampfmaschine.[16] Schon Humboldt spekuliert in den
Ansichten der Natur, dass die Klimaerwärmung in Pennsylvania
zwischen 1778 und 1824 neben dem Wachstum der Stadt und
der Bevölkerung Philadelphias auf die Emissionen der zahlreichen Dampfmaschinen zurückgehe.[17] Die erste Dampfmaschine
hat er vermutlich während seiner Ausbildung in Freiberg in
den Bergwerken gesehen. Im Juni 1790 besichtigt er in Soho,
in der Nähe von Birmingham, die Fabrik von Matthew Boulton
und James Watt. Dort begegnet Humboldt der ersten Dampfmaschine, die im industriellen Maßstab Knöpfe und Münzen
herstellt.[18] Die Faszination der mechanisch atmenden Riesen

lässt ihn nicht mehr los. Dampfmaschinen begleiten Humboldt
auf seinen Reisen ins Innere des neuen Kontinents. Er sieht vor
seinem inneren Auge entlang der Flüsse Südamerikas wie schon
„an den Ufern der größeren Ströme der Vereinigten Staaten"
Schuppen, in denen das Holz zur Befeuerung der Dampfmaschinen lagert.[19] Im Gedanken befährt er die Mündung des Orinoco
mit Dampfschiffen. Er träumt von Dampfmaschinen in den
Bergwerken der Kordilleren – ein Traum, der nicht in Erfüllung
gehen kann, da man auf den kahlen Bergrücken kein Brenn-
holz finden kann.[20] Selbst im Innern unerforschter Kontinente
stößt er auf die Spuren der beginnenden Industrialisierung.
Die Wissenschaften vom Klima und von der Erde kommen auf,
als von Natur keine Rede mehr sein konnte. Die neuen Erd- und
Umweltwissenschaften sind in einem buchstäblichen Sinne
Kulturwissenschaften.

Die Stunde Null des Anthropozäns endet nur ein Jahr-
hundert später. Um 1909 hat sich der globale Blick auf die Erde
durchgesetzt. Verbindungen zur Politik sind unübersehbar.
Das Wort *Geopolitik* bezeichnet in militärischer Kürze globale
Praktiken des Planens und Entscheidens. Der Raum, in dem
die Geopolitik erfunden wird, ist ein Resonanz- und Echoraum,
der mit der Endlichkeit der Welt rechnen will. Über diesen
Echoraum schreibt der britische Geograph Halford Mackinder:
„Jeder Ausbruch sozialer Kräfte [...], kommt vom entferntesten
Ort des Globus mit einem klaren Echo zurück."[21] Mackinder
bezieht die Metapher des Echos von einem Vulkanausbruch auf
der Insel Krakatau. Dieser beginnt am 27. August 1883 um
10:02 Uhr mit einem Donnerschlag. Seinen Widerhall hört man

[13] Alexander von Humboldt, *Central-Asien. Untersuchungen
      über die Gebirgsketten und die vergleichende Klimatologie*,
      übers. und hg. von Wilhelm Mahlmann, Berlin 1844,
      Bd. 2, S. 76.
[14] A. a. O., S. 77.
[15] Gottfried Herder, *Ideen zur Philosophie der Geschichte der
      Menschheit*, Riga und Leipzig 1785, Bd. 2, 7. Buch, IV.,
      S. 258.
[16] Vgl. Paul J. Crutzen, „Die Geologie der Menschheit",
      in: ders. u.a., *Das Raumschiff Erde hat keinen Notausgang*,
      Berlin 2011, S. 7.

[17] Alexander von Humboldt, *Werke. Darmstädter Ausgabe*,
      Darmstadt 2008, Bd. V, S. 84 [Ansichten der Natur].
[18] Vgl. Ludwig Uhlig und Georg Forster, *Lebensabenteuer eines
      gelehrten Weltbürgers (1754–1794)*, Göttingen 2004,
      S. 257.
[19] Von Humboldt 2008, Bd. II/3, S. 156 [Reise in die Aequi-
      noctial-Gegenden des neuen Continents].
[20] Von Humboldt 2008, Bd. IV, S. 433 [Cuba-Werk].
[21] Halford Mackinder, „The Geographical Pivot of History",
      Geographical Journal 23, 1904, S. 422.

noch in 3.000 Kilometern Entfernung.[22] Danach versinkt die Straße von Sunda tagelang hinter einer meterhohen Wand aus Staub und Asche. Vierzigtausend Menschen sterben. Der Ausbruch ist so gewaltig, dass die Staubwolke fünf Jahre um die Erde wandert. Ein Komitee, das die Royal Society im Januar 1884 einberuft, vermisst den Weg der Staubpartikel. Neben Informationen von annähernd hundert Wetterstationen sammelt es Zeitungsausschnitte, Logbucheinträge, Tagebücher, Gemälde, Muscheln, Bimssteine und versteinerte Schädel. Weltweit berichten Augenzeugen über penetrante Schwefeldämpfe und seltsame Luftspiegelungen. Sie beobachten verfärbte Sonnenuntergänge und ein ungewöhnlich helles Vor- und Nachglühen sowie grüne und blassblaue Mondverfärbungen. Doch vor allem bezeugen ihre Berichte eines: Ein Ereignis von Weltformat. „Die Welle breitete sich kreisförmig über den ganzen Erdball aus, bis sie die Antipoden erreichte, um dann zurückgeworfen zu werden oder sich zu vermehren und dann rückwärts zum Ausgangspunkt zurückzukehren, von dort trat sie eine neue Reise an, nicht weniger als siebenmal konnte man die Wanderung der Wellen auf diese Weise beobachten […].“[23]

Mackinder konzentriert sich auf das Echo. Ihn interessiert die Rückkopplung. Aus dem Bericht der Royal Society folgert er: „Jeder Schock, jedes Unglück oder jede Katastrophe, die auf der einen Halbkugel sich ereignet, kommt tatsächlich auf der anderen Seite an wie die Druckwellen des Vulkanausbruchs auf der Insel Krakatau. […] So löst jedes Ereignis fortan ein Echo aus, und das Echo ein Echo des Echos.“[24] Dass jedes Ereignis sein Echo findet, kann Mackinder nur sinnvoll annehmen, wenn er davon ausgeht, dass die Welt Grenzen besitzt. Bei Ribeiro und Mercator war die Welt annähernd leer und ohne polare Grenzen. Am Ende des 19. Jahrhunderts gibt es keine weißen Flecken mehr. Das Buch der Eroberer kann zugeschlagen werden, schreibt Mackinder. Die Welt ist restlos entdeckt, sie zeigt sich „zum ersten Mal als geschlossenes System“[25].

After Zero

Ende des 18. Jahrhunderts zählte das Wissen von den Anfängen der Welt noch nicht. Die Paläontologie schwor erst Georges Cuvier auf wissenschaftliche Grundlagen ein. Er sprach von verschiedenen *Lagern* und meinte Schichten, die verschiedene Arten

in unterschiedlichen Entwicklungsstufen konserviert haben.
Unzählige Katastrophen haben die Erdoberfläche umgewälzt und
Pflanzen und Lebewesen mit Haut und Haaren konserviert.
Cuviers Beschreibungen ähneln den Worst-Case-Szenarien des
kalten Krieges. Sie scheinen direkt den Drehbüchern Roland
Emmerichs entsprungen, wenn er schreibt: „Das Leben war auf
dieser Erde häufig durch schreckliche Ereignisse gestört. [...]
Zahllose Lebewesen waren das Opfer dieser Catastrophen. Die
Einen, welche den trocknen Boden des Festlandes bewohnten,
wurden von Fluthen verschlungen; während Andere, die den
Schoos der Gewässer belebten, mit dem Meeresgrund plötzlich
emporgehoben und aufs Trockene gesetzt wurden; selbst ihre
Arten sind für immer untergegangen und haben nur wenige,
kaum nur noch dem Naturforscher erkennbare Trümmer zurück-
gelassen."[26]

Die Parallele zum Film drängt sich retrospektiv auf. Cuvier
animiert die Erdschichten durch Skalen, die Veränderungen
der Arten durch eine Theorie der Mutation. Er datiert Schichten
über die fossilen Überreste. Doch vor diesen wissenschaftlichen
Anfängen der Paläontologie beschäftigten die Anfänge der Welt
und die Grenzen des Bewusstseins Wunderheiler, Traumdeuter
und Kosmographen. Noch wenige Jahre bevor Cuvier sein Buch
über *Die Umwälzungen der Erdrinde in naturwissenschaftlicher
und geschichtlicher Beziehung* schrieb, war das Wissen über die
Grenzen der Zeit ein häretisches Wissen, das nur unter Einge-
weihten kursierte und sich in Ritualen, Bräuchen, Wundern
und Mysterien offenbarte. Auf die Datierung der Lebensanfänge
und -enden mussten sich Ärzte, Priester und Totengräber verlassen. Eine neue Strömung in der Philosophie, die unter dem
Namen *spekulativer Realismus* firmiert, nimmt die Passage über
den Styx. Sie hat ein Ticket ins Jenseits des Wissens gelöst. In

[22] Vgl. *The Eruption of Krakatoa and Subsequent Phenomena.
      Report of the Krakatoa Committee of the Royal Society,*
      hg. von George J. Symons, London 1888, S. 81. (Übers.
      der Autorin)

[23] Francis Henry Hill Guillemard, *Australasia, edited and
      greatly extended from Dr. A. R. Wallaces „Australasia",*
      Bd. 2, London 1894, S. 169. (Übers. der Autorin)

[24] Halford Mackinder, *Democratic Ideals and Reality,*
      New York 1919/1942, S. 29. (Übers. der Autorin)

[25] Ebd.

[26] Georges Cuvier, *Die Umwälzungen der Erdrinde in natur-
      wissenschaftlicher und geschichtlicher Beziehung von Baron
      G. Cuvier. Nach der fünften Original-Ausgabe übersetzt
      und mit besondern Ausführungen und Beilagen begleitet
      von Dr. J. Nöggerath,* Bd. 1, Bonn 1830, S. 16.

einem philosophischen Essay, der den Titel *Nach der Endlichkeit* trägt, verweist Quentin Meillassoux auf aktuelle Messtechniken, mit denen es möglich wird, Objekte zu datieren, die vor jedem Leben und vor jeder Form des Bewusstseins liegen.[27] Anhand der konstanten Zerfallsrate radioaktiver Nuklide sowie der Thermolumineszenz versuchen Wissenschaftler den Ursprung des Universums, die Entstehung der Welt, die Anfänge des Lebens und des Menschen zu berechnen. Die Umweltwissenschaften sind durch die neuen Messmethoden zu Grenzwissenschaften geworden. Sie datieren Ereignisse, die vor jeder Kultur liegen. Bezeichnenderweise geraten mit den Anfängen der Welt auch die Anfänge des Anthropozäns in den Blick. Beide sind messbar. Radioaktive Verfallsprozesse weisen auf die Enden der Welt und Eisbohrkerne von den Polen auf die Schwebestoffe vergangener Atmosphären. Die Anfänge werfen ihre Schatten auf die möglichen Enden voraus: „Schauen Sie sich die Welt von heute an. Ihr Haus, Ihre Stadt. Die Umgebung, das Pflaster, auf dem Sie stehen, der Erdboden darunter. Lassen Sie alles, wie es ist, aber nehmen Sie die Menschen aus diesem Bild heraus. Löschen Sie uns einfach aus. Was bleibt?", fragt Alan Weisman in einem Besteller, dem eine Reportage über das Sperrgebiet von Tschernobyl vorausging.[28] Bei Weisman folgt die neue Steinzeit noch der Logik des atomaren Unfalls. Katastrophen, Sintfluten, Eiszeiten, Vulkanaktivitäten sind Mittel, aus denen Welten entstehen. Doch können sie auch die Welt nach dem Anthropozän in Szenarien und Gedankenexperimenten darstellen. Auf die Frage, was bleibt, antwortet Weisman mit Radiorauschen. Das menschliche Gehirn sende unablässig elektrische Impulse, die nicht einfach verschwänden: „So könnten unsere Gedanken und Erinnerung – lange nach unserem Hinscheiden – irgendwann mittels einer kosmischen elektromagnetischen Welle zur Erde zurückkehren, voller Sehnsucht nach der Welt, aus der wir uns selbst vertrieben haben."[29]

Weisman lässt die Frage unbeantwortet, wer die Wellen noch empfangen sollte, wenn menschliches Leben verschwunden ist. Was bleibt aber, wenn es bis auf die fossilen Reste keine Zeugen mehr gibt? Meillassoux' Überlegungen zielen auf die Vergangenheit. Die fossilen Reste nennt er *archifossile Materie*. Aber ebenso wie diese Materie stumm bekennt, dass es eine Zeit vor uns gibt, kann sie auch auf eine Zukunft verweisen, in der sich jede menschliche Spur verloren hat. Meillassoux nennt die

Ereignisse vor der Entstehung des Lebens *anzestral*, von französisch *ancestral, altüberliefert*. Die anzestralen Ereignisse brauchen keinen Moses, da sie ohne Steintafeln und Bewusstsein auf uns gekommen sind. Die Ereignisse nach dem Leben sind dagegen noch nicht oder vielmehr nicht mehr überliefert. Wovon sprechen wir also, wenn wir mit dem Anthropozän die möglichen Enden unserer Welt in den Blick nehmen? Was wollen wir datieren? Die Endzeitszenarien des Kalten Krieges rechnen mit dem Tag danach – sie verfolgen eine apokalyptische Perspektive: Das Überleben scheint gesichert. Die Endzeitszenarien der Klimaforschung sind dagegen weniger Handlungsanweisungen als Narrationen des Undenkbaren. Die komplexen Zahlen erweitern den Bereich der reellen Zahlen: Die Wurzel einer negativen Zahl kann gezogen werden, mit ihr kann man rechnen. Mit den anzestralen Ereignissen erweitert Meillassoux den Bereich der Geschichtsschreibung durch einen Namen, mit dem man die Zeit vor jedem Bewusstsein bezeichnen kann. Die Ereignisse einer menschenlosen Zukunft können wir weder messen noch datieren. Aber wir können sie mit Fiktionen beschreiben, die keine Entsprechung in der Wirklichkeit haben müssen und dennoch *praktisch wahr* und *nützlich* sind. Welche Erzählungen sollen wir also kultivieren, welche Zukünfte mit ihnen bereisen? Wie sieht ein Zeitalter nach dem *Imperium der Berechnung* aus?

[27]   Quentin Meillassoux, *Nach der Endlichkeit: Versuch über die Notwendigkeit der Kontingenz*, Zürich und Berlin 2014.

[28]   Alan Weisman, *Die Welt ohne uns, Reise über eine unbevölkerte Erde*, München 2007, S. 13.

[29]   A. a. O., S. 363.

Matt Edgeworth[*]

Der Boden unter unseren Füßen
Jenseits des Erscheinungsbildes
der Oberfläche[**]

[*]   Matt Edgeworth ist Honorary Visiting Research Fellow an der Universität Leicester, Großbritannien. Leiter von mehreren archäologischen Projekten von den schottischen Orkneyinseln
bis zum nordafrikanischen Karthago; in den letzten zehn Jahren Projektverantwortlicher an
der Universität Birmingham, Forschungsbeauftragter an der Universität Leicester und Senior
Archaeological Investigator bei English Heritage; derzeit freiberuflicher Archäologe. Zu seinen
zahlreichen Veröffentlichungen zur Archäologietheorie und ihren Überschneidungen mit
anderen Disziplinen zählen *Ethnographies of Archaeological Practice* (2007) und *Fluid Pasts:
Archaeology of Flow* (2011). Zuletzt gab er das Themenheft „Archaeology in the Anthropocene"
der neuen Zeitschrift *Journal of Contemporary Archaeology* heraus. Er ist Fellow der Londoner
Society of Antiquaries und Mitglied der multidisziplinären Anthropocene Working Group.
[**]   Falls nicht anders angegeben sind alle Zitate Übersetzungen des Übersetzers.

An Landschaften gibt es mehr zu entdecken als die Gestalt ihrer Oberflächen. Mögen sie nun auf dem Land oder mitten in der Stadt liegen, die sichtbaren Teile der vom Menschen gemachten Landschaften verbergen eine ungesehene Schattenwelt stratigraphischer Verhältnisse, die unter der Oberfläche vergraben liegen. Landschaften besitzen Tiefe – ganz besonders historische Städte wie Wien, die typischerweise auf erheblichem Erdreich aufragen, das aus Ablagerungen ihrer eigenen Zivilisation besteht. Es scheint gewissermaßen, als ob urbane Zentren im Laufe der Zeit Schichten aus vergrabenen materiellen Rückständen absondern und ansammeln, die dann in der Zukunft als Grundlage für Wachstum und Entwicklung dienen. Dieser Beitrag beschäftigt sich mit dieser verborgenen Unterseite, dem tiefschichtigen Boden unter unseren Füßen.

Am Runden Tisch *Mensch macht Natur. Landschaft im Anthropozän* der Abteilung Ortsbezogene Kunst an der Universität für angewandte Kunst teilzunehmen war eine vielschichtige Erfahrung. Das Thema meines Vortrags war die *Archäosphäre* – d.h. die Menge anthropogen modifizierter Ablagerungen, die mittlerweile weite Bereiche der bewohnten Erdoberfläche überziehen und die heute mit zunehmender Geschwindigkeit wachsen, wie kürzlich in Detail ausgeführt wurde.[1] Die Archäosphäre und ihre untere Oberflächengrenze, Grenzfläche A (*Boundary A*), sind zeitüberschreitend, da sie keinem einheitlichen Zeitpunkt entstammen. Somit können sie keinen erdumfassend synchronen Zeitpunkt für den Beginn des Anthropozäns belegen. Dennoch liefern derartige diachrone Ablagerungen maßgebliche stratigraphische Beweise, auf die sich geologische Theorien zum Beginn des Anthropozäns zumindest teilweise stützen müssen.

Wien war nicht nur aufgrund der beträchtlichen Tiefe anthropogenen Bodens unter den Straßen der Stadt ein ganz besonderer Ort für meinen Vortrag. Viele historische Städte weltweit besitzen derartige Ablagerungen, in dieser Hinsicht ist Wien kein Sonderfall. Doch die Stadt ist besonders, weil sich hier Mitte des 19. Jahrhunderts Gelehrte zum ersten Mal mit der Anhäufung urbanen anthropogenen Bodens beschäftigten. Zum Großteil ist dies dem Werk des österreichischen Geologen Eduard Suess geschuldet, der Wiens Erdreich kartierte.

Anerkannt als einer der führenden Geologen, ist Suess wahrscheinlich am bekanntesten aufgrund seiner Hypothese der einstigen Existenz des Superkontinenten *Gondwanaland* und dafür, den Begriff *Biosphäre* geprägt zu haben. Diese und weitere geologische Durchbrüche von Suess werden in einem kürzlich von Michael Wagreich und Franz Neubauer herausgegebenen Band beschrieben.[2] Hier soll es allerdings um sein weniger bekanntes Werk zum urbanen anthropogenen Boden gehen.[3] Die Bedeutsamkeit dieses Teilgebiets seiner Arbeit ist erst unlängst erkannt worden, nämlich im Kontext der Debatte über die stratigraphische Grundlage des Anthropozäns.[4]

Suess nannte die anthropogen modifizierten Böden unter Wien *Schuttdecke*. Schutt ist vielleicht nicht der korrekte Ausdruck, denn die Ablagerungen bestehen aus städtischen Böden, die neben Anteilen an Abrissbrocken und Trümmern auch andere Dinge enthalten sowie einen hohen Anteil organischer Materie. Suess beschreibt sie selbst als eine Mischung aus Lehm und Sand, Steinen und Ziegelschutt, in der auch viele Artefakte enthalten sind, und die von ihrer Ober- bis zur Untergrenze 30 bis 34 Fuß oder dicker sein kann.[5] Dennoch soll hier an dem Begriff Schuttdecke festgehalten werden, da er in der Unterscheidung zwischen anthropogen modifizierten Schichten und vorwiegend geologischen oder natürlichen, direkt darunter liegenden Schichten aufschlussreich ist. Deren Unterscheidung wird an anderer Stelle in diesem Artikel noch etwas ausführlicher besprochen.

Zunächst soll angemerkt werden, dass die jetzigen Gebäude der Universität für angewandte Kunst, wo der Runde Tisch stattfand, auf dieser von Suess beschriebenen Schuttschicht errichtet wurden. Und das bedeutet, dass die Studierenden, Forschenden, Lehrkräfte und andere Mitarbeiter_innen der Universität in Räumlichkeiten tätig sind, die um einige Meter höher liegen, als es der Fall wäre, wenn diese Schicht nicht bestünde. Die Schuttdecke ist Teil der Grundlage oder des aufgeschichteten Bodens des Gebäudes, in dem sie leben und arbeiten. Alle Gedanken, Werke oder Diskussionen, die in diesen Universitätsgebäuden entstehen, sind zum Teil durch sie bedingt. Das gilt ebenfalls für den Runden Tisch, welcher letztlich genauso auf dieser Schuttdecke basierte.

In welchem Verhältnis also stehen das Konzept der Archäosphäre und die von Suess beschriebene Schuttdecke? Es besteht eine eindeutige historische Verbindung. Aufgrund komplexer Verflechtungen von Einfluss, Übertragung und Entwicklung der Ideen in den letzten 150 Jahren lässt sich feststellen, dass Erstere zumindest anteilig von Letzterer abgeleitet ist. Doch ist ihre Begriffsbedeutung nicht völlig kongruent, da erkannt wurde, dass

[1]   Matt Edgeworth, Daniel D. Richter, Colin N. Waters, Peter Haff, Cath Neal und Simon Price, „Diachronous Beginnings of the Anthropocene: The Lower Bounding Surface of Anthropogenic Deposits", *Anthropocene Review 2*, Nr. 1, April 2015, S. 33–58.

[2]   Michael Wagreich und Franz Neubauer (Hg.), „The Face of the Earth Revisited", *Austrian Journal of Earth Sciences*, 107/1, Wien 2014.

[3]   Eduard Suess, *Der Boden der Stadt Wien nach seiner Bildungsweise, Beschaffenheit und seinen Beziehungen zum bürgerlichen Leben. Eine geologische Studie*, Wien 1862.

[4]   Siehe Colin N. Waters et al., „The Anthropocene Is Functionally and Stratigraphically Distinct from the Holocene", *Science 351*, Nr. 6269, 8.1.2016, http://science.sciencemag.org/content/351/6269/aad2622; sowie Colin N. Waters, Jan A. Zalasiewicz, Mark Williams, Michael A. Ellis und Andrea M. Snelling (Hg.), *A Stratigraphical Basis for the Anthropocene*, Geological Society, London 2014.

[5]   Suess 1862, S. 89. In Österreich galt der Wiener Fuß mit 31,61 cm.

anthropogener Boden aus mehr besteht, als aus urbanem Erdreich und Zivilisationsablagerungen. An den Rändern urbaner und vorstädtischer Gegenden vermengt er sich mit Kulturböden, Industriemüllhalden, Steinbrüchen, Mülldeponien, Erdbau, Aushubhalden und weiteren Arten des vom Menschen modifizierten Bodens. Die Archäosphäre umfasst all diese, einschließlich urbaner Ablagerungen, und fasst sie begrifflich in ihrer Totalität als ein zusammengesetztes Gebilde beinahe globalen Ausmaßes.[6] Trotzdem lassen sich die begrifflichen Wurzeln der Archäosphäre bis zu Suess' Kartierung der Schuttdecke zurückverfolgen. Wien ist gleichsam der intellektuelle Urboden dieser Idee.

Aus diesem Grund war es ein solches Privileg, diesen Vortrag in Wien zu halten, auf eben jenem Boden, der Thema des Vortrags war, und direkt über den originären materiellen Ursprüngen der erörterten Ideen.

Der dritte Boden

Es gab noch einen dritten Boden, der im Verlauf der Konferenz eine große Rolle gespielt hat und der zwischen den anderen beiden eingefügt wurde. Auch er verdient es, in diesem Beitrag beachtet zu werden. Während der Vorbereitungen für die Konferenz wurde der Fußboden des Vortragsraumes mit Hartschaumplatten ausgelegt (siehe S. 4-7, 125-27, 131). Der Boden war zwar fest genug, um das Gewicht der versammelten Konferenzteilnehmer_innen zu tragen, aber zugleich derart weich, dass sich deren Fußabdrücke darauf abzeichneten.

Zunächst machte uns der Boden auf befremdliche Weise unserer Bewegungen durch den Raum und auch seiner selbst bewusst. Da war etwas Unvertrautes in der Textur des Bodens, in der Weise, wie er mit jedem Tritt ein wenig nachgab. Er war auch verblüffend haftend und erzeugte leichte Quietschgeräusche, sobald man die Gehrichtung änderte oder sich umdrehte. Vergleichbar etwa dem Überqueren von Tiefschnee in Schneeschuhen ohne einzusinken, weil das Körpergewicht verteilt wird. Stuhlbeine andererseits stießen sofort Löcher in den Boden, sobald das Körpergewicht einer Person die vier Punkte belastete. Hatte der Boden zwar zunächst unsere Aufmerksamkeit auf sich gezogen, so rückte er unvermeidlich wieder in den Hintergrund, sobald wir damit vertraut wurden, uns darauf zu bewegen und uns den Inhalten der Vorträge und Diskussionen widmeten.

Alle Konferenzteilnehmer_innen trugen zur Entstehung dieses Kunstwerks in Form eines dritten Bodens und zur Gestaltung seiner dichten Oberflächentextur bei. Diese zweidimensionale Oberfläche verfügte offensichtlich über Tiefe – Palimpseste einander überlagernder Fußabdrücke aus verschiedenen Gehrichtungen. Es gab auch Spuren, denen man geradlinig folgen konnte, allerdings fügte man, wollte man ihnen folgen, unweigerlich eigene Spuren hinzu, die die vorherigen in deutlichen stratigraphischen Sequenzen überlagerten. Achtete man auf den Fußboden, war man zwangsläufig von den eigenen Fußspuren fasziniert. Es war kein Leichtes, die Spuren auf dem Fußboden von einem unbeteiligten Standpunkt aus zu erwägen, da wir als Betrachter_innen offensichtlich einige der Spuren hinterlassen hatten, die da zur Betrachtung standen. Keine Sequenz von Abdrücken war derart tief, dass man nicht seinen eigenen Abdruck hätte hinzufügen können.

Darin besteht möglicherweise eine direkte Parallele zum sogenannten *footprint*, zum *Abdruck* des Menschen auf der Erdoberfläche. Anthropogener Boden ist mehr als nur der Befund vergangener menschlicher Tätigkeit; er dokumentiert auch unsere gegenwärtigen Handlungen und wird von ihnen geformt. Eine völlig objektive, wissenschaftliche Bewertung von einem unbeteiligten Standpunkt aus ist kaum umzusetzen, da wir selbst zur Entstehung dieses Bodens beitragen. Unser gegenwärtiges Handeln bestimmt seine zukünftige Beschaffenheit. Das ist sicherlich eine der Haupterkenntnisse des anthropozänen Zeitalters. Sie ist gleichermaßen relevant für Überlegungen zum Klimawandel wie auch zur Ansammlung anthropogener Schichten. Der Hartschaumplattenboden beleuchtete interessante Aspekte anthropozäner Vorgänge und verfügte zugleich über ganz eigene Charakteristika, so dass er einem Vergleich mit tatsächlichem anthropogenen Boden nicht Stand hielt. Aufeinander folgende Schichten menschlichen Wirkens wurden auf seiner zweidimensionalen Oberfläche ähnlich sichtbar, wie an den Wänden von

[6]   Matt Edgeworth, „The Relationship Between Archaeological Stratigraphy and Artificial Ground and Its Significance in the Anthropocene," in: Waters et al., *A Stratigraphical Basis for the Anthropocene*, S. 91–108.

Lascaux und anderen prähistorischen Höhlenmalereien, doch
letztlich unterschied er sich sehr von den verdeckten Strukturen
aufgehäufter Erdschichten. Die stratigraphische Sequenz legte
sich hier von selbst offen. Es gab keine Art Decke über den tiefer-
liegenden Schichten, bis auf die selbstverständliche Ausnahme,
dass die Hartschaumplatten den Boden darunter verdeckten.
Die wesentliche dritte Dimension der Tiefe, nämlich tatsächliche
Tiefe, nicht nur scheinbare, fehlte.

Die Expansion der Schuttdecke

Da der Boden dieses Ortes das Fundament Wiens darstellt, auf
dem das Leben der Stadt errichtet wurde, soll hier ausführlicher
auf die Schuttdecke eingegangen werden. Eingangs wurde sie
hauptsächlich als begriffliches Konzept erörtert, aber selbstverständlich ist sie mehr als bloß eine Idee, mehr als ein abstrakter
Begriff. Zuallererst handelt es sich um ein materielles Gebilde,
dessen Form im Laufe der Zeit anwächst und Wandel unterzogen
ist. Abbildung 1 zeigt eine von Suess angefertigte Karte.

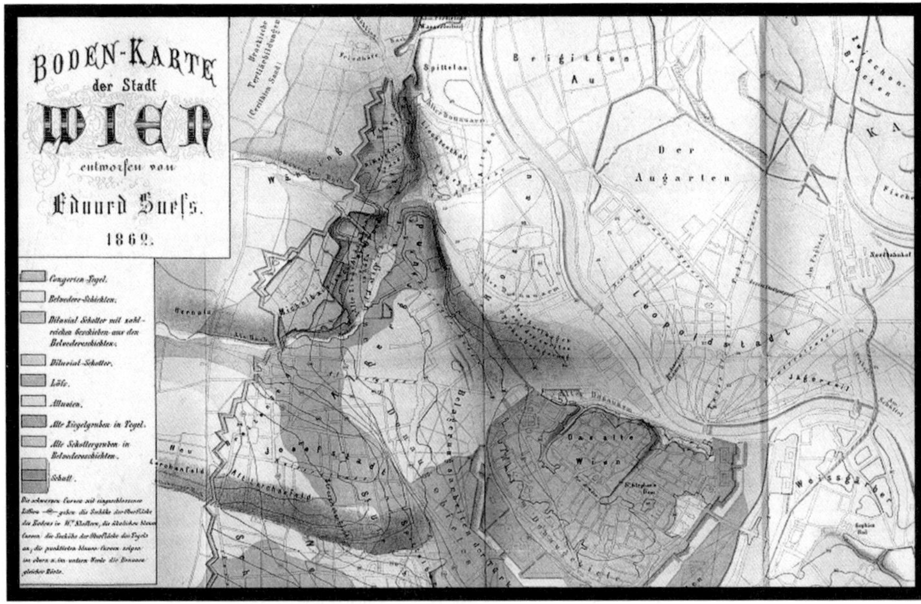

1   Eduard Suess, Bodenkarte von Wien, in: Eduard Suess, *Der Boden der Stadt Wien*, Wien 1862
     Lithographie: F. Köke, 54 x 46 cm

Die Schuttdecke lagerte sich spätestens seit der Römerzeit ab, und in tieferen Schichten lassen sich viele Artefakte aus dieser Zeit finden. Andere Teile stammen aus dem Mittelalter und der Neuzeit, und ihre Entwicklung schreitet bis heute voran. Ihr Wachstum hat nie aufgehört. Seit Suess sie 1862 kartierte, hat sich die Schuttdecke sowohl in lateraler als auch in vertikaler Richtung vergrößert. Die Verteidigungswälle und Gräben, die einst die Stadtgrenzen markierten, wurden von der Ringstraße und ihren Boulevards, Palais, Parks und Gärten im späten 19. Jahrhundert überlagert. Teile des Wienflusses wurden unter die Erde und in ein künstliches Betonbett gelegt, dennoch fließt er innerhalb dieses ständig wachsenden Gebildes weiter. Mit der Ausdehnung der Stadt über die Ringstraße hinaus erweiterte sich auch die Schuttschicht darunter, deren Grundlage sich in relativ flacher Form unter den vielen Außenbezirken jenseits des historischen Stadtkerns erstreckte und mit anthropogenem Boden vermengte, welcher durch die Regulierung der Donau entstanden war. In diesen sich ausbreitenden Boden sind weitläufige Netzwerke von Abwasserkanälen, Gängen, Rohrleitungen, kunststoffummantelten Drähten, Glasfaserkabeln und andere unterirdische urbane Infrastruktur eingebettet. Mittlerweile erstreckt sich die Schuttdecke bis weit über die Stadtgrenze des historischen Wiens hinaus. Es ergäbe sich daher ein ganz anderes Bild der Schuttdecke, würde man sie heute kartieren.

Suess Karte stellt somit keine statische Einheit dar, die seit ihrer Vermessung vor eineinhalb Jahrhunderten unverändert geblieben ist. Vielmehr bildet seine Karte die Momentaufnahme eines zeitüberschreitenden und formveränderten Gebildes ab, welches mit zunehmender Geschwindigkeit zu immer größeren Strukturen an- und zusammenwächst.

Abbildung 2 (S. 86) stellt einen kleinen Teil der Schuttdecke im Querschnitt dar. Es handelt sich um die oberste Schicht, direkt unterhalb der Gebäude und um den mit Schutt gefüllten Stadtgraben, der kurz vor Suess' Vermessungen verfüllt worden war. Suess gibt keinen Maßstab an. Aus der Höhe der Gebäude lässt sich aber die vertikale Ausdehnung der Schuttdecke an diesem Standort schätzen, die auf der rechten Seite zwischen vier und acht Metern betrug und zwischen 18 und 20 Metern auf der linken Seite, wo Seiten und Sohle des Grabens bis tief in den Schotter des Pleistozäns vorstießen.

Suess hat angemerkt, dass eine detaillierte Darstellung der
Schuttdecke die gesamte Geschichte der Stadt aufzeigen würde.[7]
Er erkannte, dass sie über eine komplexe innere Struktur verfügte und aus mehr als nur unterschiedslosem Schutt bestand,
wie der von ihm gewählte Begriff möglicherweise andeuten
könnte. Und in der Tat haben Archäologen seitdem aufwändige
Verfahren entwickelt, um diese Ablagerungen verständlich zu
machen. Obwohl die Schuttdecke aus einer Vielfalt von Schichten, Abschnitten, Linsen, Abschiebungen, Böden und Strukturen besteht – all diese Elemente könnten für sich erforscht
werden oder als Teil einer eigenständigen stratigraphischen
Sequenz innerhalb der umschließenden Materialmenge – wird
dieser Artikel Suess folgen und sich auf die Schuttdecke in
ihrer Gesamtheit als eine geschlossene stratigraphische Einheit
konzentrieren.

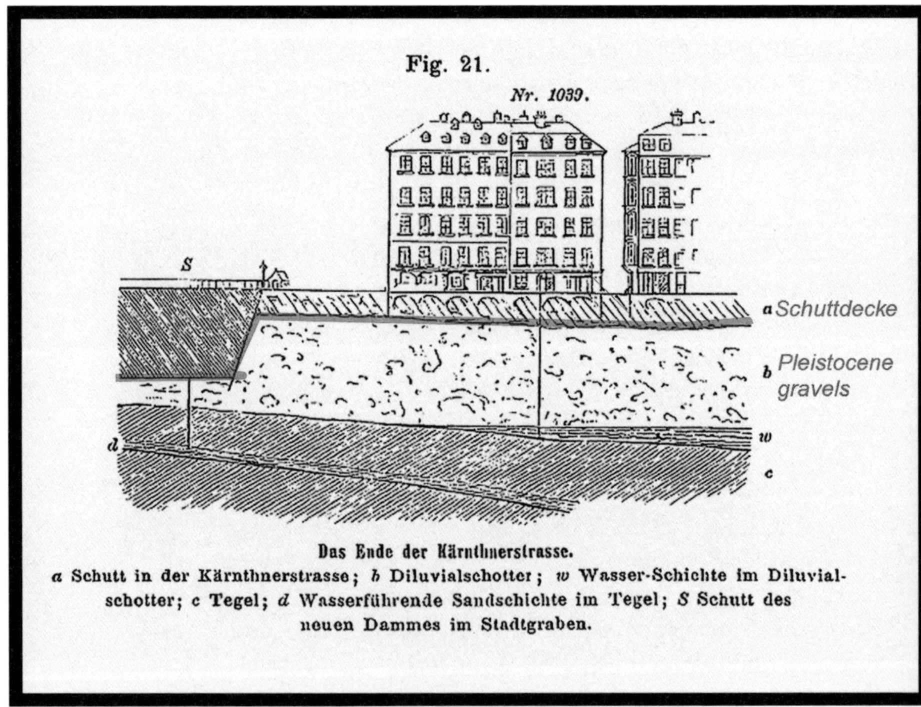

Das Ende der Kärnthnerstrasse.
a Schutt in der Kärnthnerstrasse; b Diluvialschotter; w Wasser-Schichte im Diluvialschotter; c Tegel; d Wasserführende Sandschichte im Tegel; S Schutt des
neuen Dammes im Stadtgraben.

2   Querschnitt der Schuttdecke, in: Eduard Suess, *Der Boden der Stadt Wien*, Wien 1862, S. 181
     Hervorhebung der Untergrenze (*Boundary A*) durch den Autor

Wichtig zu erwähnen ist zudem, dass Suess nicht in die Falle tappte, in ihr lediglich einen Beleg der Vergangenheit zu erkennen. Ganz im Gegenteil verstand er sie als einen Teil der Gegenwart, der Wandel und Wiederverwertung unterliegt, z.B. durch das Anlegen von Steinbrüchen zur Gewinnung von Baumaterial (Abb. 3, S. 88).

Da die Schuttdecke also keine abgeschlossene stratigraphische Anordnung ist, befindet sich diese Schicht weiterhin in einem Entstehungsprozess, auch zukünftig offen für Zerstörungen und Rekonstruktion – ihre endgültige Form bleibt ungewiss. Bislang verfügt sie über keine obere Schichtgrenze, da sie sich nach oben mit der anliegenden Infrastruktur, bewohnten Gebäuden, Materialvorkommen und Nutzflächen der dynamischen lebendigen Stadt Wien vermengt. Ihre Untergrenze wird sicherlich an einigen Stellen durchstochen werden, wie es in der Vergangenheit bereits oft passierte. Wenn der Steinbruch auf Abbildung 3 z.B. tiefer gehen sollte als die Schuttdecke, wird er in die natürlichen Schichten vorstoßen und dadurch die Untergrenze des menschlich modifizierten Bodens umgestalten und zu diesem Zeitpunkt seine Datierung verändern. Es folgt daraus, sowie aus allen weiteren Verwerfungen und Auffüllungen, die bereits stattfanden, dass die untere Schichtgrenze der Schuttdecke diachron ist, d.h. sie variiert zeitlich an verschiedenen Punkten entlang ihrer Oberfläche. An einigen Stellen wird sie auf die römische Zeit oder das Mittelalter datiert. An anderen Stellen, an denen zu Suess' Zeit die älteren Ablagerungen durchstochen wurden, kann sie auf die Mitte des 19. Jahrhunderts datiert werden und zwar auf Basis der datierbaren Artefakte, die in direkt darüber liegenden Aufschüttungen gefunden wurden. Ein Großteil dieser hat seinen Ursprung nun im 20. Jahrhundert, als U-Bahnen, Tiefgaragen, Untergeschosse und Gänge tief in das Erdreich vorgedrungen sind, oder dort wo die Stadt sich bis weit jenseits ihres historischen Kerns ausgebreitet und der unter der Zersiedelung liegenden Schuttdecke neue Schichten hinzugefügt hat.

Eine archäologische Ausgrabung oder Bohrung zu geologischen Zwecken verändert die stratigraphische Anordnung auf dieselbe Art und Weise wie der von Suess verzeichnete

[7]   Suess 1862, S. 89.

Steinbruch. Diese Eingriffe und Auffüllungen bestehen im Erdreich selber als archäologische Merkmale fort. Wie die Menge
der übereinander liegenden Fußabdrücke auf dem Hartschaumplattenboden, können die Verfahren wissenschaftlicher Untersuchung nicht umhin, deutliche Spuren in den untersuchten und
verzeichneten stratigraphischen Formationen zu hinterlassen.
Somit sind auch Wissenschaftler_innen Mitwirkende im stratigraphischen Formationsvorgang. Materielle Spuren der von
Suess im Rahmen seiner Studie urbaner Geologie gemachten
Bohrungen befinden sich nach wie vor im Erdreich (und weil
er nicht nur Geologe, sondern auch Bauingenieur war, hat er
den Boden Wiens auch auf andere Weise erheblich verändert).
Die Erforschung anthropogen modifizierten Bodens bringt
durch den Untersuchungsvorgang zumindest zum Teil eine
Veränderung des Bodens mit sich.

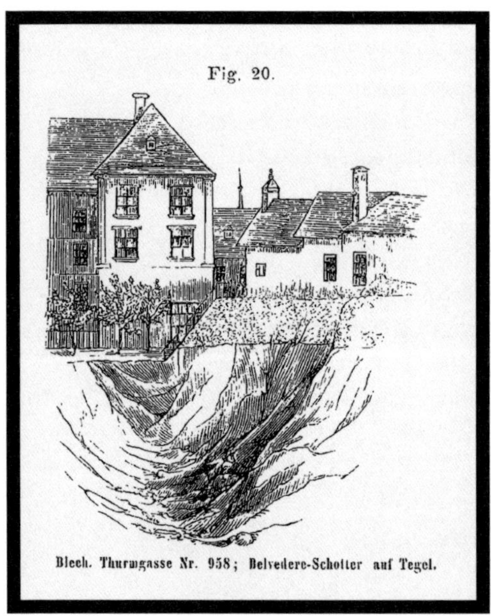

3   Zeichnung der Bausteingewinnung im Steinbruch oder Recycling der Materialien aus der
     Schuttdecke, in: Eduard Suess, *Der Boden der Stadt Wien*, Wien 1862, S. 236

Charakteristische Merkmale der Schuttdecke

Was ist an der Schuttdecke derart auffällig, dass sie seinerzeit
Suess' Interesse erweckte und ihn veranlasste, sie zu erfassen?
In seinem ihm ganz eigenen Schreibstil hielt er sich nicht
lange mit theoretischen Erörterungen auf. Wie A.M.C. Şengör
angemerkt hat, war es Suess' Vorgehensweise, sachlich von
einer Vielfalt regionaler und örtlicher Forschungsergebnisse zu
berichten und es den Leser_innen zu überlassen, entscheidende
Verbindungen zu erkennen und sich anhand der vorgebrachten
Details einen Gesamtüberblick zu verschaffen.[8] Die Tatsache,
dass Suess die Schuttdecke als eigenständige stratigraphische Einheit kartiert hat, macht deutlich, welche Bedeutsamkeit er in
ihr erkannt haben muss. Doch war ihm dies möglicherweise derart offensichtlich, dass er es nicht für notwendig hielt, weiter
darauf einzugehen. Hier soll allerdings ausdrücklich auf wesentliche Aspekte ihrer Bedeutung für den Kontext gegenwärtiger
Debatten zur stratigraphischen Grundlage des Anthropozäns
hingewiesen werden.

Zunächst gilt es anzumerken, dass die Schuttdecke eine
untere Schichtgrenze hat, eine materielle Ausdehnung oder Grenzfläche oberhalb derer anthropogenes Material und unterhalb
derer nicht-anthropogenes Material anfällt (siehe Abb. 2, S. 86).
Es handelt sich hier um eine tatsächliche materielle Größe, nicht
nur um eine Begrifflichkeit. Sie ist zugleich Oberschicht un-
modifizierter geologischer Ablagerungen, untere Schicht anthropogenen Bodens und die Grenzfläche zwischen ihnen – ähnlich
dem, was Archäolog_innen als die *Oberfläche des Natürlichen*
bezeichnen. Wie bereits erwähnt handelt es sich hier um eine
diachrone Grenze, deren Datierung ortsbedingt verschieden ist.
Sie kann unscharf oder an bestimmten Orten schwierig zu
erkennen sein. Sie ist zeitüberschreitend in dem Sinne, dass sie
in der Vergangenheit weitreichenden Einschnitten ausgesetzt
war und weiteren Abschnitten in der Zukunft ausgesetzt sein

[8]   Ali Mehmet Celâl Şengör, „Eduard Suess and Global Tectonics: An Illustrated ‚Short Guide'“, in: *The Face of the
Earth Revisited, Austrian Journal of Earth Sciences 107/1*,
hg. von Wagreich und Neubauer, Wien 2014, S. 17.

wird. Dennoch war Suess sich seiner Sache derart sicher, dass er sie in der Schnittdarstellung als klare und eindeutige Untergrenze verzeichnete.

Zweitens gilt es den deutlichen Unterschied zwischen den oberhalb sowie den unterhalb der Grenze liegenden Ansammlungen festzuhalten. Die aufliegende Schuttschicht ist wie folgt beschrieben: „ein unregelmässiger Wechsel von Lehm, Sand und [...] Ziegelfragmenten vergemengt sind, mit Stücken von Bruchsteinen, Scherben von irdenen Gefässen, Glassplittern, oft mit zahlreichen Gebeinen von Menschen und Hausthieren [...] mit Münzen, Waffen, wohl auch hier und da mit einzelnen Geschützkugeln oder Stücken von Telegraphendraht dazwischen.“[9]

Die schiere Vielfalt in der Schuttdecke gefundener Artefakte steht in Kontrast zu dem beinahe völligen Fehlen jeglicher Artefakte in dem darunter liegenden Schotter des Pleistozäns (gelegentlich sind Steinbeilsplitter oder Werkzeuge aus Feuerstein vorhanden, zumeist sind diese Schotterschichten allerdings frei von Artefakten). Von besonderem Interesse der aufgezählten Objekte sind die zahlreichen Ziegel-, Glas-, und Keramikscherben. Dies sind *neuartige Materialien*, ohne ihresgleichen in älteren geologischen Erdschichten.

Ebenfalls von Interesse sind die von Suess vermerkten Knochen domestizierter Tiere. In den hunderte Millionen Jahre zurückgehenden geologischen Erdschichten gibt es eine Vielzahl

4   Schematische Darstellung der stratigraphischen und biostratigraphischen Beziehungen
der Untergrenze der Archäosphäre inklusive der Schuttdecke

an Überresten biologischer Organismen, allerdings ist ihre Morphologie schlicht das Ergebnis natürlicher Selektionsprozesse. Im Fall von Überresten domestizierter Tiere und Pflanzen, die in der Schuttschicht gefunden wurden, muss ihre Morphologie als Ergebnis einer Kombination aus natürlicher und menschlicher Selektion erachtet werden. Es handelt sich hier um etwas grundlegend Neues – um ein biostratigraphisches Signal von höchster Bedeutung. Das spontane Vorkommen domestizierter Tiere und Pflanzen im geologischen Bestand weist auf die Wirkung neuartiger, hybrider evolutionärer Kräfte in der Biosphäre hin, und somit wohl auf einen grundlegenden Wandel des Erdsystems an sich. Die Tatsache, dass biostratigraphische Marker in Verbindung mit einer tatsächlichen materiellen Grenzfläche vorkommen, in diesem Fall der unteren Schichtgrenze der Schuttdecke, macht sie für die Stratigraphie in zweifacher Hinsicht relevant.

Die wesentlichen stratigraphischen Beziehungen lassen sich aus der ortsspezifischen Lage ableiten und schematisch darstellen wie in Abbildung 4.

Diese Konstellation stratigraphischer Beziehungen zeichnet nicht alleine Wien aus. Das Schema kann als repräsentativ für alle unteren Schichtgrenzen neuzeitlicher Deponieablagerungen angesehen werden – in Iran oder Brasilien (obwohl die Vielfalt an Artefakten und die Anzahl neuartiger Materialien dort angestiegen sind), von neolithischen Tellsiedlungen in Syrien oder Ungarn (obwohl die Vielfalt an Artefakten und Anzahl neuartiger Materialien dort geringer sind), von Kulturböden in China oder den Midlands Englands (wenngleich die Verbreitung von Artefakten und neuartigen Materialien in diesen Ablagerungen in niedrigerer Konzentration auftritt), von urbanen Schichten unterschiedlicher Datierungen unter Städten wie Chicago, Peking, Mexico City, Sydney, Addis Abeba, Hong Kong, Berlin und Mumbai, oder von anderen Typen anthropogener Böden. Die natürlichen Ablagerungen unterhalb der Grenzfläche werden je nach Fall verschieden sein; archäologische Ablagerungen oberhalb der Grenzfläche werden ebenfalls unterschiedliche Eigenschaften, Datierungen und Entstehungsarten aufweisen. Die Grenze kann

9]   Suess 1862, S. 89.

auch zwischen klar umrissen und unscharf variieren. An gewissen
Stellen hat sie die Form einer Diskordanz oder einer Verwerfung,
an anderen Stellen hingegen besteht sie aus einer Ablagerungs-
fläche. Die wesentlichen in Abbildung 4 (S. 90) dargestellten
Beziehungen bleiben aber mehr oder weniger gleich. Anders formuliert ist die Schuttdecke eine ortsspezifische Form der Archäosphäre. Ihre Untergrenze ist dementsprechend eine ortsspezifische Form der Grenzfläche A, d.h. der unteren Grenzfläche der
Archäosphäre, deren Eigenschaften an anderer Stelle ausführ-
lich untersucht wurden.[10]

Fazit

Archäolog_innen neigen dazu, sich auf detaillierte komplexe
stratigraphische Anordnungen im urbanen anthropogenen Boden
zu konzentrieren. Das Gros unserer Arbeit findet im Rahmen
einzelner Grabungen oder Fundorte statt, und sobald die Ausgrabung begonnen hat, neigen wir dazu zu vergessen, den Kopf
zu heben und über den Ausgrabungsrand hinauszuschauen.
Suess' Leistung bestand darin, den urbanen Boden Wiens sozusagen in seiner Gesamtheit zu begreifen, ihn unter Berücksich-
tigung der Dimensionen der Stadt als Ganzes zu erfassen. Dieser
Artikel fordert die Leser_innen dazu auf, in ihrer Vorstellung
einen noch größeren Sprung zu machen und einen entsprechenden analytischen Perspektivenwechsel zu vollziehen. Nicht nur
die expandierende, ihre Gestalt verändernde und die Zeit über-
schreitende Schuttdecke muss ins Auge gefasst werden, sondern
auch das größere Ganze, dessen Teil sie ist, nämlich die Archäosphäre. Die Schuttdecke ist eines der zahlreichen Bestandteile
der Archäosphäre, viele dieser Bestandteile wachsen und breiten
sich auf ähnliche Weise aus wie sie. Sie vermengen, vermischen
und verbinden sich miteinander, bedecken immer mehr Land-
flächen der Erde, während ihre Untergrenzen an bestimmten
Orten aufeinander stoßen und sich verbinden. Folglich dehnt sich
die Archäosphäre mit zunehmender Geschwindigkeit aus, auf
ein fast unvorstellbares Ausmaß, und die Schuttdecke ist nur
eine verschwindend kleine lokale Teilmenge davon.

   Wie kann das rapide beschleunigende Wachstum dieser
multiskalaren stratigraphischen Einheit auf intellektuelle, wissenschaftliche, künstlerische Weise erfasst werden? Bestehende
Kategorien archäologischen und geologischen Denkens, wie auch

die angewandten analytischen Maßstäbe, werden durch die heute zu beobachtenden stratigraphischen Phänomene radikal gefordert und müssen sich mit Sicherheit verändern, um ihnen gerecht zu werden. Ein Weg zum Wandel liegt möglicherweise in der erneuten Überprüfung scheinbar vergessener Standpunkte, die im intellektuellen Fundament unserer Disziplinen verschüttet sind, wie das überlieferte Konzept der Schuttdecke. Aber andere Disziplinen, wie die Künste, spielen eine ebenso wichtige Rolle. Es ist daher interessant zu beobachten, inwiefern diese Schichten als Gegenstand für künstlerische Praktiken relevant geworden sind, und jüngst im Mittelpunkt zahlreicher Werke und Ausstellungen standen. Es scheint beinahe so, als ob anthropogener Boden (im Sinn einer vergrößernden, materiellen Einheit, diese Kräfte ausübt und tatsächliche ökologische Wirkungen nach sich zieht) den intellektuellen Boden für neue Fragestellungen bildet, neue Wege zu multidisziplinärer Praxis und zu neuen Fachgebieten initiiert.

[10]   Vgl. Matt Edgeworth et al., „Diachronous Beginnings
       of the Anthropocene", *The Anthropocene Review 2 (1)*,
       2015, S. 33–58.

Heather Davis[*]
Plastikgeologie[**]

[*] Heather Davis ist Postdoktorandin am Institute for the Arts and Humanities der Pennsylvania
State University. Sie forscht zur Ethologie von Kunststoffen und ihren Verbindungen zum
Petrokapitalismus. 2011 Promotion an der Concordia University zum Thema der Überschneidungen zwischen „community-based art", relationaler Subjektivität und Ökologie. Gast-
dozentin u.a. an der UCLA, dem California Institute of the Arts, der New York University und
der Rutgers University. Herausgeberin von *Art in the Anthropocence: Encounters Among
Aesthetics, Politics, Environment and Epistemology* (2015) und *Desire/Change: Contemporary Feminist Art in Canada* (2016). heathermdavis.com.

[**] Versionen dieses Textes sind erschienen unter den Titeln „Life and Death in the Anthropocene:
A Short History of Plastic", in: *Art in the Anthropocene: Encounters Among Aesthetics,
Politics, Environments and Epistemologies*, hg. von Heather Davis und Etienne Turpin, London
2015, S. 347–58 und „Plastic: Accumulation Without Metabolism", in: *Placing the Golden
Spike: Landscapes of the Anthropocene*, hg. von Dehlia Hannah und Sara Krajewski,
Milwaukee 2015, S. 66–73. Falls nicht anders angegeben sind alle Zitate Übersetzungen
des Übersetzers.

Unser Plastikzeitalter steht einem Problem der Dauer gegenüber. Die flüchtige Gegenwart des Kunststoffs ist mehr als nur ein von Vergangenheit und Zukunft abgetrennter Augenblick. Sie ist die Spitze eines Haufens Erinnerung. [...] Die Gegenwart ist durch die angesammelten Spuren der Vergangenheit bedingt, und die Zukunft der Erde wird die Spuren unserer Gegenwart tragen. Zwar zerstört die Herstellung von Kunststoffen die Archive des Lebens auf der Erde, doch werden ihre Abfallstoffe die Archive des 20. Jahrhunderts und späterer Zeiten begründen.

Bernadette Bensaude-Vincent[1]

Kunststoff ist eines der Materialien, das Wissenschaftler_innen derzeit als einen sogenannten *golden spike*[2] des Anthropozäns ansehen.[3] Er ist ein brauchbarer Indikator für geologische Grenzen, weil aller Kunststoff, der jemals hergestellt wurde, seit seinem Aufkommen noch irgendwo auf dem Planeten ist. Das erste synthetische Polymer, Bakelit, wurde 1907 erzeugt und 1909 von Leo Baekeland patentiert. Es wurde erfunden, um die Nachfrage nach Dingen zu stillen, die zunehmend schwieriger zu beschaffen waren, wie etwa Elfenbein und Seide, da deren frühere Ausbeutung manche Rohstoffe seltener und teurer gemacht hatten.[4] Als Material der tausend Anwendungen gefeiert, wurde Kunststoff zu einer günstigen Alternative, der ideale Stoff einer aufstrebenden Warengesellschaft, die sich in der Nachkriegszeit vollständig entfalten sollte. Sogar während seiner Entstehungszeit war das, was wir heute unter „Plastik" verstehen, eher „kommerzieller denn wissenschaftlicher" Natur, wie Jeffrey Meikle in seiner aufschlussreichen und tiefgreifenden kulturgeschichtlichen Untersuchung *American Plastic* argumentiert.[5] Mit anderen Worten, die Erfindung und Verbreitung von Kunststoffen wurde weniger durch die Notwendigkeit angetrieben, neue Technologien zu entwickeln, wie Anwendungen in Medizin oder Rüstungsindustrie (obwohl der zweite Weltkrieg die Verwendung von Kunststoff beachtlich ankurbelte), sondern schlichtweg um bereits bestehende Gegenstände zu ersetzen – und zwar zu derart niedrigen Kosten und in solchen Mengen, dass sich eine durch Konsum definierte Mittelschicht bildete.

Kunststoff ermöglichte globalen Handel und Konsum, während diese Systeme selbst zunehmend von unterschiedlichen Kunststoffen abhängig waren. Wie Andrea Westermann in ihrer Studie zu PVC (Vinyl) in Deutschland anmerkt: „Insbesondere Plastikverpackungen förderten den Massenkonsum. [...] Neue Verfahren der Handhabung und des Versands von Einzelhandels- und Großhandelswaren beruhten nicht nur auf Plastikverpackungen und -tüten, sondern bedurften auch einer verbesserten Stapelbarkeit der Güter, was durch Materialneuerungen wie z.B. Schrumpffolie gewährleistet wurde."[6] In der Tat sind Infrastruktur und Tempo des fortgeschrittenen Kapitalismus aber auch die Fantasie endlosen wirtschaftlichen Wachstums durch Rohstoffausbeutung und Massenkonsum von Kunststoffen abhängig. Das erklärt, warum 2012 weltweit 280 Millionen Tonnen Kunststoff produziert wurden; Hochrechnungen gehen von einer

Zunahme auf eine jährlich produzierte Menge von 33 Milliarden Tonnen im Jahre 2050 aus.[7]

Plastik verspricht Modernität, einen versiegelten, perfekten, sauberen Überfluss ohne Probleme. Ein Teil davon ist die Fantasie, uns vom Schmutz der Welt, von Verfall und Vergehen zu befreien. In einer frühen Werbung wurde tatsächlich angepriesen, dadurch die „drei Ds der Zerstörung: *dirt* (Schmutz), *disease* (Krankheit) und *decay* (Verfall)"[8] zu bekämpfen. Kunststoff wurde als Barriere zwischen Mensch und der Unannehmlichkeit der unausweichlichen Transformation aller Materie vermarktet und verstanden. Westermann schreibt hierzu: „Die Formbarkeit von Vinyl und seine chemische Herstellung ermöglichten, was man sich in der Hochzeit der Moderne von Technologie an sich erhoffte: Eine Welt jenseits materieller Einschränkungen, die die Natur der Menschheit zuvor aufgezwungen hatte. Darin impliziert ist eine Welt der Fülle ohne Mangel."[9] Kunststoff repräsentiert eine glänzende neue Welt, die die Menschen vom Kreislauf von Leben und Tod befreit und die beschwerlichen, undichten, amorphen und porösen Anforderungen an unsere Vorfahren, unsere Körper und die Erde ersetzt. Diese irdischen Anforderungen zu überwinden schien eine Welt des Wohlstands durch wissenschaftliche Kontrolle zu versprechen. Der Chemiker Victor Emmanuel Yarsley und der Forschungsleiter von B. X. Plastics, Edward Gordon Couzens, schrieben über diese Plastikzukunft 1941: „Der Plastikmensch wird in eine Welt aus Farben und hell leuchtenden Oberflächen eintreten. [...] Von allen Seiten ist er umgeben von diesem widerstandsfähigen, sicheren, sauberen Material, das ein Erzeugnis menschlicher

[1]   Bernadette Bensaude-Vincent, „Plastics, Materials and Dreams of Dematerialization", in: *Accumulation: The Material Politics of Plastic*, hg. von Jennifer Gabrys, Gay Hawkins und Mike Michael, London 2013, S. 24.

[2]   Ein *golden spike* ist in der Geologie ein sogenannter *Fußpunkt*, ein geologischer, stratigraphischer Beleg einer Zeitgrenze der Erdgeschichte.

[3]   Andrew Revkin, „Researchers Propose Earth's ‚Anthropocene' Age of Humans Began with Fallout and Plastics", *The New York Times*, 15.1.2015. http://dotearth.blogs.nytimes.com/2015/01/15/researchers-propose-earths-anthropocene-age-of-humans-began-with-fallout-and-plastics

[4]   Jeffrey L. Meikle, *American Plastic: A Cultural History*, New Brunswick, NJ 1995, S. 26.

[5]   A. o. O, S. 5.

[6]   Andrea Westermann, „The Material Politics of Vinyl: How the State, Industry and Citizens Created and Transformed West Germany's Consumer Democracy", in: Gabrys, Hawkins und Michael, *Accumulation*, S. 76–77.

[7]   Vgl. Chelsea Rochman, Mark Anthony Browne, Benjamin S. Halpern, et al., „Policy: Classify Plastic Waste as Hazardous", *Nature 494*, Nr. 7,436, 14.2.2013, S. 169–71.

[8]   E. I. du Pont de Nemours and Company, „Cavalcade of American Television Commercials on Film", 1952–57.

[9]   Westermann 2013, S. 69.

Denkkraft ist. [...] Um uns herum werden wir eine neue, bessere, sauberere und schönere Welt wachsen sehen, eine Umwelt, die nicht an die willkürliche Rohstoffverteilung der Nationen gebunden ist, sondern nach Bedarf gefertigt wird, sie ist das perfekte Abbild eines neuen Geistes planmäßiger wissenschaftlicher Kontrolle: das Zeitalter des Kunststoffs."[10]

Dieser idealistische Traum oder Traum eines transzendentalen Idealismus, stellt den Höhepunkt des cartesischen Dualismus dar, in dem Materie selbst vom menschlichen Geist bestimmt und umgestaltet wird. Planmäßige wissenschaftliche Kontrolle entwirft eine saubere, reibungslose Welt, die von der Außenwelt abgeschottet ist und das nicht nur in Form von Chemikalienschutzanzügen oder *der* Wunderfolie für Gebäude, *Tyvek Home Wrap*, sondern auf der Ebene manipulierter und neu zusammengesetzter Bausteine der Materie an sich. Bernadette Bensaude-Vincent schreibt: „Materie wurde als ein verformbarer und gefügiger Partner der Schöpfung vorgestellt, wie eine Art Knetmasse in den

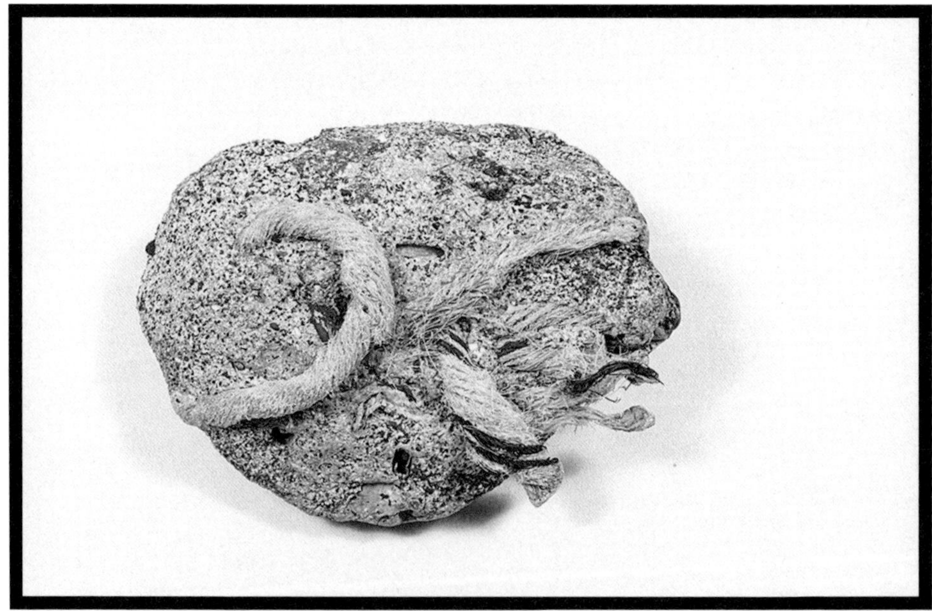

1   Kelly Jazvac, *Plastiglomerat*, 2013; Kunststoff und Strandsedimente, darin enthalten Sand, Basalt, Holz und Korallen. Diese Kunstwerke aus gefundenen Objekten entstanden aus der Zusammenarbeit zwischen Jazvac, Patricia Corcoran (Geologin) und Charles Moore (Meeresforscher); Foto: Jeff Elstone, kellyjazvac.com

Händen geschickter Designer_innen, die der Materie Intelligenz und Intentionalität verleihen. Dem *dēmiourgós* in Platons *Timaios* gleich, kann der Materialingenieur der passiven, verformbaren *chora*[11] Form verleihen."[12] Dieser Traum ultimativer Passivität der Natur, die dem Willen und den Launen des modernen Menschen gefügig ist, hat erschreckende Folgen nach sich gezogen.

Zwischen der Zeit *vor* und *nach* dem Plastik gibt es im geologischen Bestand einen deutlichen Unterschied. Und zwar, weil Kunststoff sich leicht zerstreut, auflöst und wir sehr viel Energie investieren, um ihn *woanders* aufzubewahren. Trotzdem verschwindet er nicht einfach. Er ist biologisch nicht abbaubar, d.h. er verwandelt sich nicht in etwas anderes. So entsteht aus allen Kunststoffen, die je produziert wurden, seien es Fast-Food-Behälter, Nylonstoffe oder Infusionsbeutel, sehr schnell eine neue geologische Erdschicht. Der Chemieingenieur Anthony Andrady, ein renommierter Kunststoffexperte, schätzt die Lebensspanne von Kunststoff auf zirka Hunderttausend Jahre – letztendlich weiß niemand genau, wie lange diese jungen Materialien haltbar sind.[13] Diese Datierung ist wegen ihres evolutionären Moments von Interesse, weniger wegen der Eigenschaft der Polymere. Mit anderen Worten, eine Zahl von Zehn- oder Hunderttausend Jahren, die gelegentlich als Zeitspanne des biologischen Zerfalls von Kunststoff genannt wird, entspricht der Dauer, in der durch evolutionäre Prozesse Organismen entstehen, die Kunststoffe in ihrem Stoffwechsel erfolgreich umwandeln können. Es wird spekuliert, dass gewisse Arten von Bakterien und Mehlwürmern dies unter bestimmten Bedingungen bereits tun, doch diese Organismen sind nicht weit verbreitet.[14] Wir warten also darauf, dass die Evolution zeitlich zur petrochemischen Industrie aufschließt.

Kunststoffe haben sich geologisch auch als eine neue Art Gestein niedergeschlagen. Die Geological Society of America

[10] Victor Emmanuel Yarsley und Edward Gordon Couzens, *Plastics*, Harmondsworth 1941, S. 149–52

[11] Chora steht in griechischen Mythen für „Platz", „Gebiet", „Land", „Raum" aber auch „Ackerland".

[12] Bernadette Bensaude-Vincent 2013, S. 22.

[13] Siehe Alan Weisman, „Polymers Are Forever", *Orion 26*, Nr. 3, Mai–Juni 2007, S. 16

[14] Jun Yang, Yu Yang, Wei-Min Wu, Jiao Zhao und Lei Jiang, „Evidence of Polyethylene Biodegradation by Bacterial Strains from the Guts of Plastic-Eating Waxworms", *Environmental Science and Technology 48*, Nr. 23, 10.11. 2014, S. 13776–84; Yu Yang, Jun Yang, Wei-Min Wu, et al., „Biodegradation and Mineralization of Polystyrene by Plastic-Eating Mealworms: Part 1. Chemical and Physical Characterization and Isotopic Tests", *Environmental Science and Technology 49*, Nr. 20, 21.09.2015, S. 12080–86.

hat die Bezeichnung *Plastiglomerat* (*plastiglomerate*) für die *hybriden* Materialien anerkannt, die bei der Verschmelzung von Kunststoffabfällen und Natürlichem wie etwa Lava, Holz, Metall, Sand und Korallen entstehen. *Plastiglomerate* bezeichnet einen „verhärteten Verbundstoff, der sich durch die Agglutination von Gestein und geschmolzenem Kunststoff verfestigt. Dieses Material wird unterteilt in einen örtlichen Typus, bei dem der Kunststoff an Gesteinsaufschlüssen haftet und in eine klastische Variante, bei der Basalt, Korallen, Muscheln und lokale Holzabfälle mit Sandkörnern in einer Kunststoffmatrix verfestigt werden."[15] Wenn Kunststoff schmilzt, wird er zu Gestein und verbindet sich entweder mit bestehenden Gesteinsformationen oder vermischt sich mit Trümmerteilchen. Einmal hart wird Kunststoff dauerhaft und buchstäblich Teil der Geologie. Kunststoff wird tatsächlich zu Gestein.

Allerdings besteht ein grundsätzlicher Unterschied zwischen Gestein, d.h. Mineralien, die eine Grundlage der Erde sind, und Kunststoff. Sobald man den synthetischen oder artifiziellen Aspekt einer Sache hervorhebt, verweist man auf die Art und Weise, wie sie entwickelt, entstanden oder von ihrer Umwelt unabhängig geschaffen wurde. Kunststoff ist nicht *aus* dieser Erde, die an bestimmten Orten eine Art Archiv der Geschöpfe und Tätigkeiten ist, die sich dort abspielten. Das Zusammenspiel von Geologie, Atmosphäre und Organismen wirkt wechselseitig evolutionär aufeinander, verursacht bestimmte Erinnerungen und Verhaltensmuster und dokumentiert so nicht nur eine Erinnerung an *menschliche* Geschöpfe, die einen bestimmten Ort besiedeln oder über ihn hinwegziehen, sondern auch Erinnerung an andere Tiere, Pflanzen und geologische Vorgänge, die diesen Ort gemeinsam gestalten. Der Kreislauf von Materie und Energie wird einem Ort eingeschrieben. Eine Welt entwickelt sich durch das Zusammenspiel mit einem Organismus und er sich mit ihr. Sie erzeugen und bedingen einander gegenseitig. Jeannette Armstrong argumentiert, dass diese radikale Gegenseitigkeit eine *Umwelt-Ethik* (*ethics of land*) begründet.[16] Dwayne Donald prägte einen ähnlichen Begriff – den des *ethischen Beziehungsgefüges* (*ethical relationality*).[17] Eine solche Ethik beschreibt, wie die Umwelt uns wechselseitiges Handeln abverlangt und uns zwingt, unsere verstrickten und verflochtenen Beziehungen zu ihr anzuerkennen. Die Natur selbst mahnt uns, eine Ethik radikaler und gegenseitiger Beziehungen zu entwickeln.

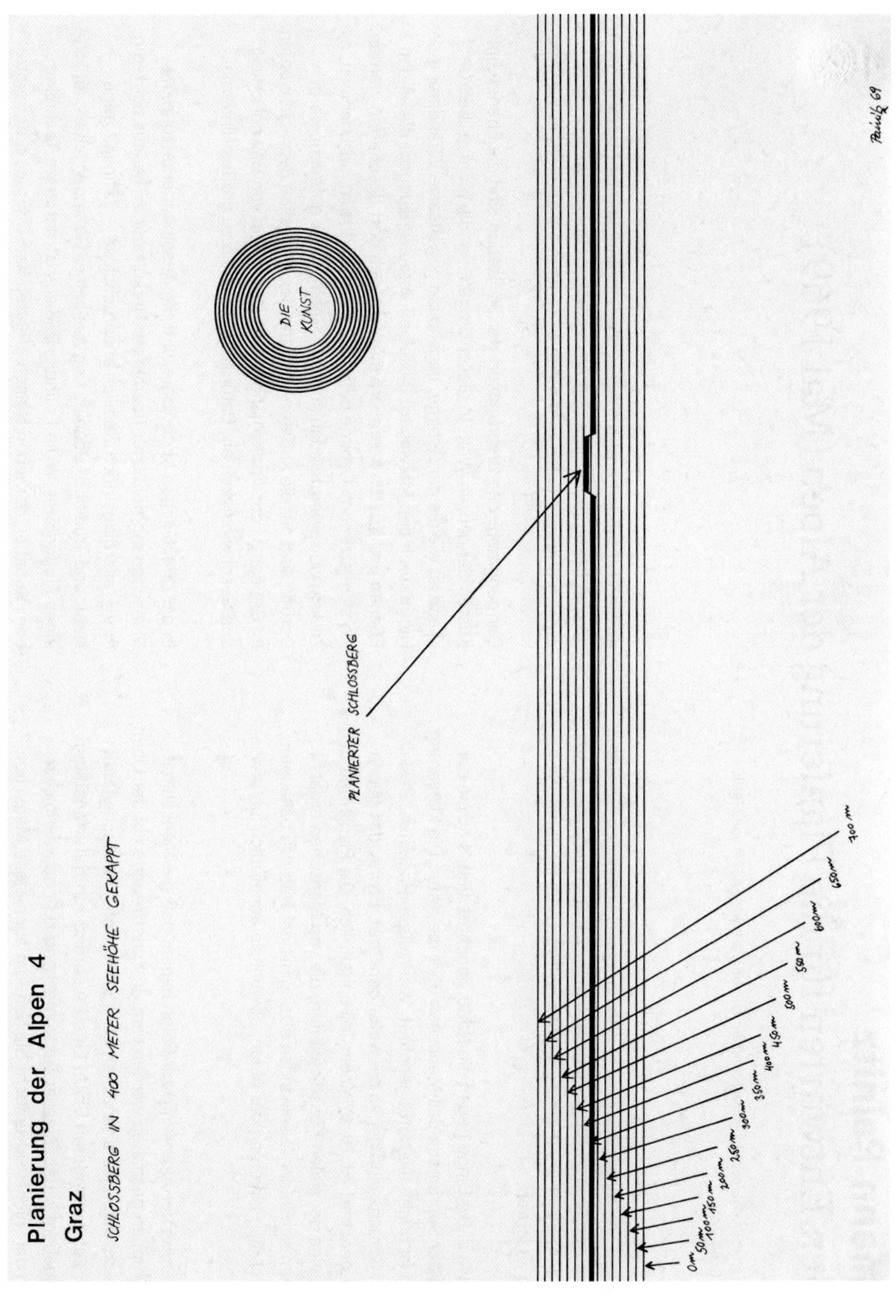

Entwurf für die Planierung der Alpen 4 (Wien) | *Design for the Leveling of the Alps 4 (Vienna)*, 1969
Tusche, Letraset auf Papier | Ink, Letraset on paper, 34,8 x 49,6 cm; Land Niederösterreich,
Landessammlungen Niederösterreich | State of Lower Austria, Collections of the State of Lower Austria;
Foto | photo: Christoph Fuchs; © Bildrecht, Wien | Vienna, 2016

Hermann Painitz
Zu den Entwürfen für die Planierung der Alpen (Mai 1969)[*]

* Zuerst in: *Protokolle. Wiener Halbjahresschrift für Literatur, bildende Kunst und Musik,* Nr. 2, 1971, S. 64-74.

1 Die Tätigkeit des Menschen richtet sich hauptsächlich gegen die Natur. Es ist unnatürlich, Werkzeuge zu gebrauchen. Es ist unnatürlich, Feuer anzuwenden. Es ist unnatürlich, Kleider zu tragen. Es ist unnatürlich, sprechen zu lernen.

11 Obwohl alle diese Dinge gegen die Natur gerichtet sind, sind sie der Ursprung der Suprematie des Menschen über die Natur. Die Planierung der Alpen ist gegen die Natur gerichtet. Werkzeuge, Hochöfen, Bekleidung und Sprache sind gegen die Natur gerichtet. Etwas, das gegen die Natur gerichtet ist, ist zu einem Teil unnatürlich. Die Planierung der Alpen ist eine der vielen Künstlichkeiten, die von Menschen erdacht werden, um sich in der Auseinandersetzung mit der Natur zu behaupten. Deshalb ist die Planierung der Alpen, obwohl sie unnatürlich ist, etwas Positives.

111 Die Planierung der Alpen wird zur Folge haben, daß die Menschheit in zwei Gruppen gespalten werden wird. In Kunstfreunde auf der einen und in Salonsteirer, Naturfanatiker, Berggeher, Höhlenmenschen und Touristen auf der anderen Seite. Eine Belehrung von Naturfanatikern und Berggehern wird in diesem Zusammenhang sehr schwierig sein. Trotzdem darf nichts unversucht bleiben, um auch diese Menschen

an die Zivilisation heranzuführen. Die Schwierigkeit ist hier sehr groß, da eine besonders starke Engrammierung zu überwinden ist. Eine Zivilisierung wird daher nur in den seltensten Fällen erreicht werden.

2 Der geographische Ursprungsort der Zivilisation sind die Ebenen und Küsten der ganzen Welt. In dieser Umgebung, die nicht so bedrückend ist wie die der Gebirge, begann die gewaltsame Veränderung der Natur durch den Menschen. Dieselben Voraussetzungen, die an den Ebenen und Küsten bestehen, müssen auch dort geschaffen werden, wo sich jetzt noch Gebirge befinden. Es ist ein Irrtum, anzunehmen, die Zivilisation sei heute auch schon in Gebirgstäler gebracht worden. Dorthin sind nur die äußeren Attribute der Zivilisation gebracht worden. Im Gegensatz zur Antike hängt heute Zivilisation von Beweglichkeit und Geschwindigkeit ab. Dafür sind Berge ein zu großes Hindernis.

22 In der griechischen Mythologie wird die Auseinandersetzung des Menschen mit der Natur überliefert. Herkules und Theseus richteten ihre – allerdings noch ziemlich anspruchslose – Tätigkeit gegen Natur und Tradition. Dädalus flog aus seiner Gefangenschaft mit Hilfe eines Fluggerätes in die Freiheit. Dädalus ist der erste Techniker oder Künstler, der einen Namen erhalten hat. Odysseus, der erste

Avantgardebildhauer der Geschichte, errichtete gegen die traditionelle, ehrliche und natürliche Art der kriegerischen Auseinandersetzung ein monumentales Holzpferd. Diese Menschen wurden „listenreich" genannt, man wollte damit zum Ausdruck bringen, daß sie es gewagt hatten, gegen ehrwürdige Traditionen aufzutreten, und daß es ihnen gelungen war, mit diesen Traditionen zu brechen.

222 Das frühe historische Bewußtsein ist das Kollektivengramm einer „Überlistung der Zustände" durch einzelne oder durch ein in der Mythe zum einzelnen verdichtetes Kollektiv. Der Vorgang der Mythologisierung ist die Individualisierung eines allgemeinen Vorganges. Um eine einfache und wirksame Auffassung zu ermöglichen, wird einer historischen Situation ein Name vorangestellt. Unter diesem Personennamen wird die betreffende „Revolte gegen die Natur" subsumiert und einfacher begreifbar gemacht. Mit diesen Revolten entstanden leider auch allgemeine Schuldgefühle. Das Resultat war Angst. Erst Sokrates, überliefert zwischen mythischer Erfindung und historischer Tatsächlichkeit, hat durch die Erfindung der künstlichen Philosophie, dadurch daß er die neugefundene Logik gegen die naturverbundene Tradition der Orakel gestellt hat, die Möglichkeit geschaffen, diese Angst zu überwinden.

3 Eine der Erklärungen des Wiederstandes gegen die Natur ist das Bedürfnis nach Freiheit. Jede Freiheit ist eine Freiheit von der Natur. Die unbewältigte Natur ängstigt, unterdrückt und macht furchtsam. Die Anstrengungen, die unternommen werden, um diese Angst zu überwinden, bringen Kunst und Technik hervor.

33 Kunst und Technik sind die besten Mittel zur Eindämmung der Natur. Kunst und Technik unterscheiden sich dadurch, daß Produkte der Technik brauchbar sind, während Produkte der Kunst scheinbar unbrauchbar sind, aber nur deshalb, weil sie auf den ersten Blick nicht erklärt werden können. Kunst und Technik treten mit großem Nachdruck auf, sie sind etwas Notwendiges. Diese Notwendigkeit ergibt sich aus der Möglichkeit, mit ihrer Hilfe die Schrecknisse der Natur in Schranken zu halten.

333 Kunst und Technik entspringen einer Wurzel. Kunst ist aber im Gegensatz zu Technik das Grundlegende, während Technik das Produktive, das Ergebnis ist. Kunst ist älter als Technik. Mit Hilfe von Technik wurde das realisiert, was mit den Mitteln der Kunst, die zu diesem Zweck nicht geeignet waren, nicht realisiert werden konnte. Technik ohne Kunst ist aber wie ein Apparat ohne Programm. Eine Maschine ohne Sinn und Zweck. Es gibt auch eine Kunst ohne Technik, aber nur als träumerisches und phantastisches Vegetieren ohne besondere Wirkungen. Die Bedrohung durch die Natur wird zwar von einer Kunst ohne Technik erkannt, kann aber nicht entsprechend bekämpft werden. Die Flucht in Phantastik und Träumerei ist dann eine Folge dieser Situation. Wird aber Kunst mit Hilfe von Technik verstärkt, so tritt ein Zustand ein, in dem sogar Träume von der Wirklichkeit übertroffen werden. Die Technik muß den alten Absichten der Kunst dienen. Technik muß die Durchführung der Absichten erleichtern und möglich machen, die von der Kunst immer schon angestrebt wurden.

4 Die Kunstgegenstände in Museen und Sammlungen wurden nicht nur von Künstlern, sondern auch von Technikern geschaffen. Der „Künstler" ist eine Erfindung der Renaissance, er dient der Anfertigung von zwecklosen Luxusgütern und ist zu nichts Ernsthaftem zu gebrauchen. Der „Künstler" der Renaissance macht gar keine Kunst. Er arbeitet anstatt gegen, für die Natur. Die Spaltung eines ursprüngliche Ganzen in einen Künstler und in einen Techniker ist eine Folge des Renaissancedenkens,

eine Folge eines synthetischen Kunststiles, der den originalen Antrieb der Kunst nicht erkannte und alles von oben herab klassifizierte. Es scheint, als hätten die Künstler damals den Teil ihrer Arbeit, der ihnen lästig und unwürdig erschien, da er zuviel Mühe verursachte, auf Techniker abgeschoben. Das war aber gerade der Teil, der die Möglichkeit bietet, die alten Absichten der Kunst zu realisieren. Heute ist dieser Zustand, der seinen Ursprung in Faulheit und Irrtum hat, durch eine jahrhundertlange Zementierung zu einem unüberbrückbaren Abstand geworden.

44 Es ist für jeden Menschen zur Fortsetzung eines Lebens notwendig, altes Gerümpel, seien es Gegenstände oder Gedanken, wegzuwerfen, um Platz für neue Produktionen zu schaffen. Gelingt das nicht, so tritt eine Lähmung ein, eine Abnahme der Lebendigkeit. Der zunehmende Anachronismus der Museen hat seinen Grund darin, daß die Zeit, in der das Museum als Institution geschaffen wurde, größten Wert auf eine Lähmung der „breiten Masse" legte, wodurch dann die Humanisten besonders glänzen konnten, während heute, nicht zuletzt aus psychologischen Gründen, eine Lähmung der breiten Masse nicht erstrebenswert erscheint.

444 Heute ist es die Aufgabe jedes einzelnen, den Sinn des technischen Zeitalters zu begreifen. Zu diesem Zweck wird Kunst gebraucht wie irgendein Grundnahrungsmittel. Früher waren noch der Ursprung der Technik, ihre Planung und Ausführung vereint. Planung und Ausführung liegen heute nicht mehr in der Hand eines Künstlers, der Ursprung der „Raserei des Fortschritts" sollte aber durch seine Tätigkeit bekannt gemacht werden können. Dadurch sollte jeder einzelne an dem Gefühlt der Sicherheit teilnehmen können, das durch die Mittel der Technik als Gegensatz zu den Naturgewalten geschaffen wird.

5 Die Ruinenstadt Harappa ist für Kunsthistoriker interessant. Die Kunst ist verschüttet und überwachsen, man muß forschen, „die Natur hat gesiegt", und so weiter. Zu gleicher Zeit bauen Techniker ohne Rücksicht auf den Kunstbegriff der Renaissance den Assuan-Staudamm und Mondlandefahrzeuge. Harappa wurde aber ebenfalls ohne Rücksicht auf den Kunstbegriff der Renaissance von Menschen gebaut, die nichts anderes taten, als, so gut sie konnten, Gebäude zu errichten. Wieso ist diese Stadt plötzlich etwas Kunstgeschichtliches? Etwas, das durch Hervorrufen einer Ferienstimmung von den echten Problemen, wie es der Widerstand gegen die Natur ist, ablenkt?

55 Es besteht ein großer Gegensatz zwischen Kunstgeschichte und dem Gegenstand, mit dem sie sich beschäftigt, nämlich der Kunst. Das eine ist geradezu das Gegenteil des anderen. Das aufgestöberte und ausgegrabene „Kulturgut" ist für Traditionalisten und Kunstfeinde das Faustpfand und Druckmittel, um eine ständige Weiterentwicklung zu verhindern. Kunst besteht aber nur dort, wo eine ständige Weiterentwicklung stattfindet.

555 Für die Planierung der Alpen ist Kunstgeschichte nicht notwendig.

6 Um Freiheit von der Natur zu verwirklichen, müssen die „Landschaft", die „Naturgewalten" und die „Natur des Menschen" zurückgdrängt werden. Dummheit, Feigheit, Tradition, Kleinmut, Aggression, Betäubungsdrang und Träumereien müssen zurückgedrängt werden. Freiheit wird nicht durch Aufgeben von Spannungen erreicht, sondern durch beständiges Zurückdrängen.

66 Dummheit, Feigheit, Tradition, Kleinmut, Aggression, Betäubungsdrang und Träumereien sind Relikte der Vergangenheit. Relikte der

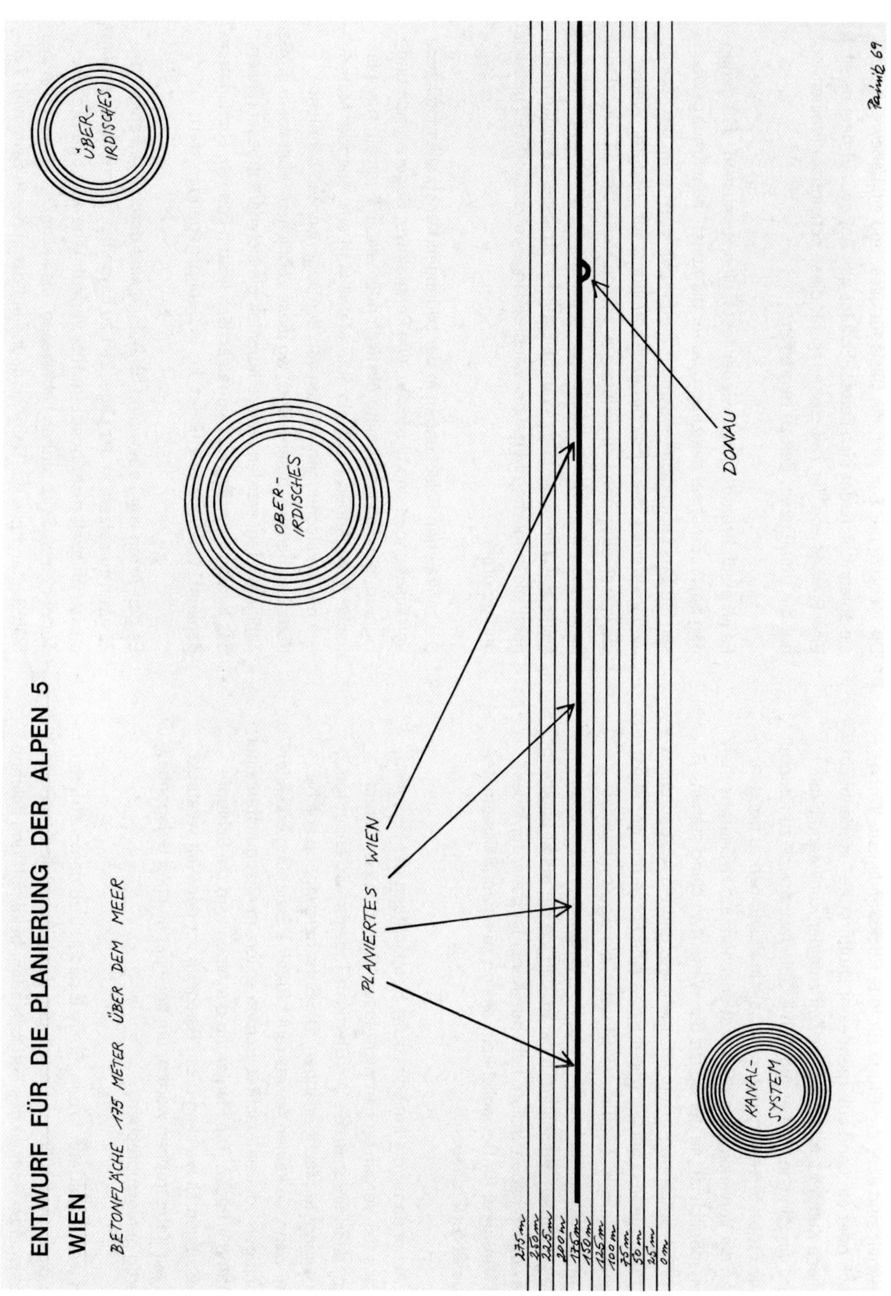

Entwurf für die Planierung der Alpen 5 (Wien) | *Design for the Leveling of the Alps 5 (Vienna)*, 1969
Tusche, Letraset auf Papier | Ink, Letraset on paper, 34,8 x 49,6 cm; Land Niederösterreich,
Landessammlungen Niederösterreich | State of Lower Austria, Collections of the State of Lower Austria;
Foto | photo: Christoph Fuchs; © Bildrecht, Wien | Vienna, 2016

Vergangenheit sind aber der Grund für jede Rückständigkeit. Wenn ein Mensch oder ein Land auf irgendeiner „Kulturstufe" stehenbleibt, so wird diese Kultur innerhalb kurzer Zeit zu einer Rückständigkeit. Daher wird ein Land, in dem es möglich ist, die Avantgarde zu fördern, ohne wilde Proteste hervorzurufen und sie in Positionen zu bringen, in welchen die Verwirklichung der künstlerischen und zivilisatorischen Neuheiten möglich ist, an der Spitze der Weltentwicklung stehen. Es ist ein weitverbreiteter Irrtum anzunehmen, daß ein Ausbau der Machtmittel für jedes Land wichtiger ist als eine Förderung der Kunst. Es gibt genug Beispiele dafür, daß Staaten, die die Kunst unterdrücken und gleichzeitig ihre Machtmittel ausbauen, keine lange Lebensdauer haben. Sie scheitern daran, daß sie die Kunst unbewegt und unbeweglich haben wollen. Lebende Kunst ist daher für jedes Land ein Meßgerät für Beweglichkeit, analog zu einem Seismometer als Meßgerät für Erdbeben.

666 Eine der Aktionen für die Freiheit ist die Beobachtung der Personen, die sich aus der Vergangenheit nicht lösen können. Es ist darauf zu achten, daß Personen, die am Biertisch Todesurteile andeuten, nicht die geringste Macht erlangen. Die Entscheidung, ob solche Personen, wenn sie keinen Ansatzpunkt für eine Erziehung erkennen lassen, erzogen oder entmachtet werden sollen, muß zugunsten einer Entmachtung erfolgen. Die Planierung der Alpen wird die Schlupfwinkel beseitigen, in welchen diese Personen vor der Welt versteckt sind und auf Katastrophen warten, um bei einer solchen Gelegenheit meutenartig hervorzubrechen.

7 Es ist ein weitverbreiteter Irrtum, Freiheit dadurch zu demonstrieren, daß man die unumstößlichen Grundlagen des Lebens wie zum Beispiel die verschiedenen Formen des Fortlaufenden, bekämpft und ablehnt.

Die Gesetze der Zeit sind die Basis für alles, und ein Lebewesen, das sie ablehnt, schadet sich selbst. Es sägt den Ast ab, auf dem es sitzt. Eine Freiheit von der Zeit gibt es nicht, diese scheinbare Freiheit ist nur die Unfähigkeit, Zeit zu begreifen.

77 Es ist erschütternd, immer wieder feststellen zu müssen, daß gegen den Satz: „Ernst sei das Leben, heiter die Kunst" kein Kraut gewachsen ist. Das Leben kann entweder heiter oder ernst sein, die Kunst ist immer ernst. Sie wird nur dazu verwendet, auf „heitere" Weise die verschiedensten Lebenslügen zu verschleiern. Diese Lebenslügen lassen sich alle auf eine Hauptlüge zurückführen, und diese ist: Es gibt keine Zeit. Um diese Lüge Wahrheit werden zu lassen, werden heute noch alle möglichen Mittel der Zauberei angewendet, offiziell geduldet und gefördert.

777 Die zahlreichen Fälschungen in der bildenden Kunst, alle möglichen Vertäuschungen und Illusionen, wie Perspektive, Gegenstände und Figuren, ganz gleich ob naturalistisch oder verzerrt gemalt, rundplastische Abbildungen aus Stein oder Metall statt aus lebender Materie – alle diese Fälschungen werden von den sogenannten „ehrlichen" Künstlern hervorgebracht. Dort, wo diese „ehrlichen" Künstler in großer Zahl auftreten, werden andere Künstler, die sich darauf beschränken, das hervorzubringen, was sie tatsächlich leisten können, „Scharlatene" genannt. Vorzugsweise findet das in Gebirgsgegenden statt.

8 Es gibt Arten von Lebewesen. Die einen sind durch ihre Fähigkeit, Zäsuren zu setzen, in der Lage, Zeit zu begreifen, während die anderen diese Fähigkeit nicht besitzen. Hier verläuft eine wichtige Grenze. Auf der einen Seite stehen Lebewesen, die keine Zeit kennen und deshalb Bestandteile der Natur sind, und auf der anderen Seite wird Zeit

erkannt und damit der Grundstein für das Verlassen der Natur gelegt. Für Kunst muß vorausgesetzt werden, daß Zeit durch Reflexion
erkannt worden ist, während Natur Zeit ist, die sich selbst nicht
erkennen kann.

88 Dem Gewordenen muß das Gemachte entgegengestellt werden.
Bewußte Gestaltung ist wichtiger als anonymes Werden. Die Formung
der Gebirge kann ebensowenig der Erosion überlassen werden wie
die Gestaltung der Erdoberfläche den Grünpflanzen.

888 Jeder Mensch kann sein Zeitbewußtsein dadurch demonstrieren,
daß er grundlos einen Baum fällt. Das grundlose Fällen eines Baumes
gilt als Frevel, und zwar deshalb, weil es gegen das Diktum verstößt,
der Mensch schulde der Natur pausenlos Dank. Da aber nur wenige
Personen Zeitbewußtsein besitzen, werden nur wenige Bäume gefällt
werden. Aus demselben Grund gilt es als Frevel, die Produktion von
Getreide, Butter, Milch, Fleisch etc. einzuschränken. Sogar die Re-
duzierung der Zuwachsrate der Produktion erregt Verdacht. Hier
wird die Notwendigkeit einer dynamischen Progression empfunden,
gleichzeitig aber auf einem falschen Gebiet angewandt. Nicht für
Fleisch, Wurst und Schmalz wird eine dynamische Vermehrung gebraucht, sondern für Kunst und Zivilisation.

9 Die Planierung der Alpen macht es möglich, eine Fläche inmitten des
oberflächlichen Wirrwarrs der Natur sichtbar zu machen. Die Natur
kann nur Oberflächen hervorbringen, eine natürlich entstandene Fläche
ist undenkbar. Eine Fläche, die keine Oberfläche ist, ist unkörperlich,
die Realisierung einer Fläche ist mit einer Verkörperung verbunden.
Die Fläche, die durch die Planierung der Alpen entsteht, ist eine solche
verkörperte Fläche und ist daher Fläche und Oberfläche zugleich. Da

diese Fläche eine völlig flache Oberfläche ist, ist es möglich, die Absicht,
eine Fläche zu schaffen, als agens ihrer Entstehung zu erkennen.

99 Die Fläche liegt allen Oberflächen zugrunde, sie ist das Allgemeine
aller Oberflächen und kann in der Dingwelt nicht sichtbar werden. Es
ist eine Oberfläche notwendig, um eine Fläche sichtbar zu machen.
Das heißt aber nicht, daß die Oberfläche wichtiger ist. Das Annehmen
einer fertigen Oberfläche ist ein Weg des geringeren Widerstandes
und ein Zeichen des Respektierens der Natur.

999 Für den Menschen ist die Fläche gleichbedeutend mit einer Aktion
gegen die Natur. Die frühesten Aktionen dieser Art waren das Planie-
ren und Stampfen einer Grundfläche, um darauf ein Haus zu errichten.
Erst dann konnte das Höhlenleben durch Freiheit ersetzt werden.

10 Ich empfehle der österreichischen Bundesregierung die Verkleinerung
des Großglockners als Experiment und Vorstufe für die Planierung
der Alpen. Später kann dann die Planierung und Betonierung Europas
folgen. Statt des Venediger- und Glocknergebirges wird das Venediger-
und Glocknerplateau mit einer Meereshöhe von 2500 Meters geschaffen. Die gewonnenen Erfahrungen können später für die Planierung
der Alpen verwendet werden. Technisch wird das Projekt so verwirk-
licht, daß zuerst alle massiven Bodenerhebungen mit geeigneten Kern-
explosionen grob vorgesprengt werden. Nachsprengungen werden mit
konventionellem Sprengstoff durchgeführt. Die weiteren Planierungs-
und Aufräumungsarbeiten und die Betonierung erfolgen mit Straßen-
baumethoden und mit dem Einsatz des gesamten Militärs.

1010 Durch Kernspaltung werden der Kunst erstmals solche Kräfte verlie-
hen, wie sie bisher nur als Naturgewalten bekannt waren. Es ist nicht

einzusehen, warum die Kernspaltung der Ängstigung dienen soll, als wäre sie wirklich eine Naturgewalt. Mit Hilfe der Kernspaltung wird es möglich, den Naturgewalten gleichwertig gegenüberzutreten. Sie ist das Werkzeug, mit dessen Hilfe es möglich ist, eine Angst zu überwinden, die ein Relikt aus prähistorischer Zeit ist, in der jedes Lebewesen eine Beute der Natur war. Leider ist die Anwendungsmöglichkeit der Kernspaltung von Leuten abhängig, die sie am liebsten gegen Menschen – und damit auch gegen sich selbst – anstatt gegen die Natur richten wollen. Von diesen Leuten wird die Kernspaltung unter dem Vorwand des Pazifismus in ihrer ursprünglichen Bestimmung als gefährliche Waffe konserviert. Es ist zu hoffen, daß in der Zukunft andere Leute diese Schlüsselstellen für die Anwendung der Kernspaltung einnehmen werden. Einer anderen Generation wird es möglich sein, mit Hilfe der Kernspaltung Weltprobleme zu lösen, die wichtiger sind als die Kriegsführung. Künstliche Häfen können angelegt werden. Wüsten können bewässert werden. Nahrungsmittel können unterirdisch oder auf anderen Himmelskörpern produziert werden. Durch die Planierung der Gebirge kann eine Öffnung aller Talschaften für eine weltweite Zivilisation und Kunst erreicht werden.

101010 Es ist jede denkbare Anstrengung zu unternehmen, um mehr Platz für das Künstliche zu schaffen. Es ist die Bestimmung des Menschen, das Künstliche auf der Welt zu fördern, das Natürliche aber zurückzudrängen. Mit Hilfe von Kunst und Technik kann die Erde – vorausgesetzt, es ist allgemein bewußt gemacht worden, daß sie Eigentum des Menschen ist – nach Belieben verändert und umgebaut werden. Angst vor Geistern und Dämonen ist hier völlig unbegründet. Ist die Natur erst einmal überwunden, gibt es auch keine Dämonen und Geister mehr.

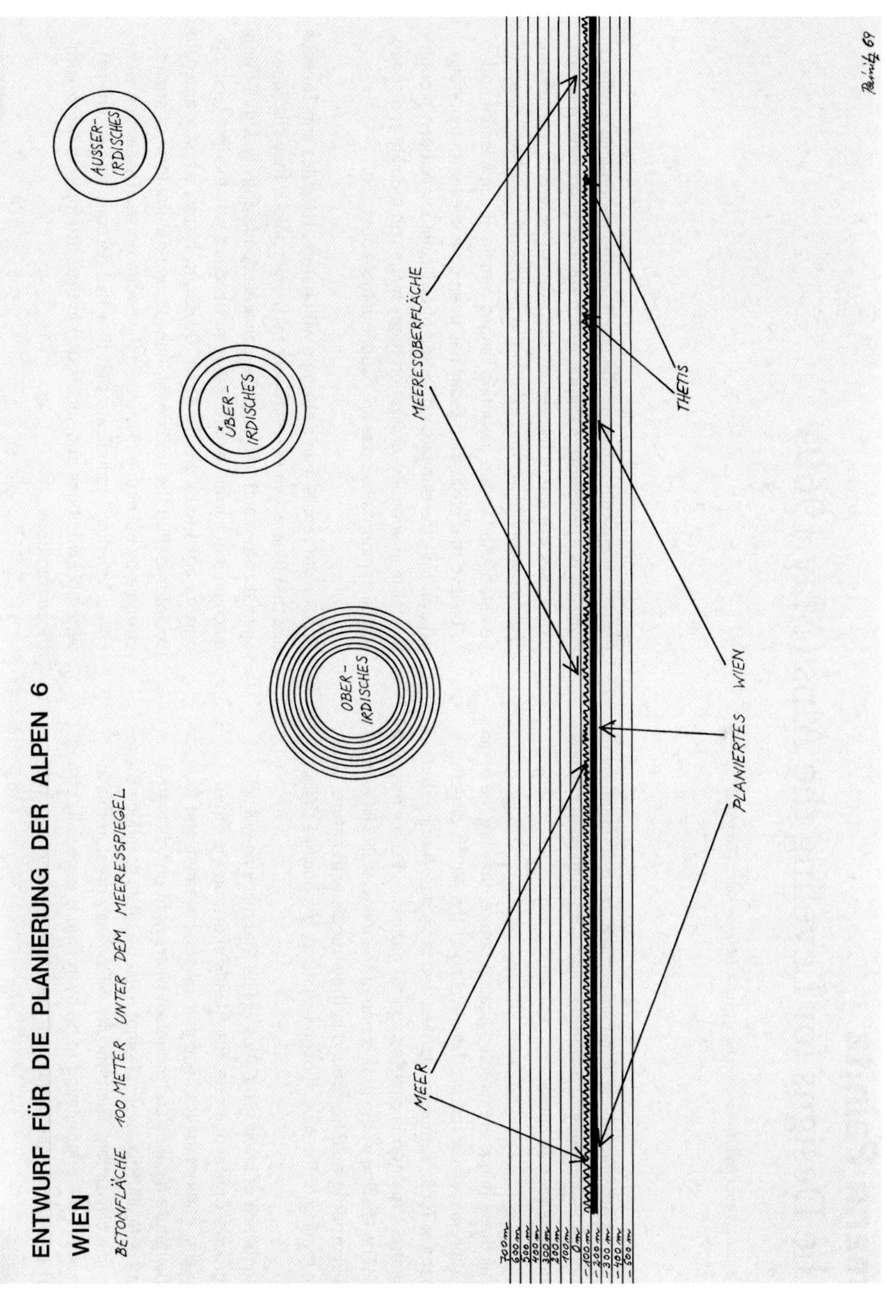

Entwurf für die Planierung der Alpen 6 (Wien) | *Design for the Leveling of the Alps 6 (Vienna)*, 1969
Tusche, Letraset auf Papier | Ink, Letraset on paper, 34,8 x 49,6 cm; Land Niederösterreich,
Landessammlungen Niederösterreich | State of Lower Austria, Collections of the State of Lower Austria;
Foto | photo: Christoph Fuchs; © Bildrecht, Wien | Vienna, 2016

Hermann Painitz
On the Designs for Leveling the Alps (May 1969)[*]

[*] First in: *Protokolle. Wiener Halbjahresschrift für Literatur, bildende Kunst und Musik,* no. 2, 1971, 64-74.

1   Man's activities are primarily directed against nature. It is unnatural to employ tools. It is unnatural to use fire. It is unnatural to wear clothes. It is unnatural to learn to speak.

11   Although all these things are directed against nature, they are the origin of man's supremacy over nature. The leveling of the Alps is directed against nature. Tools, furnaces, clothes, and language are directed against nature. Whatever is directed against nature is in some measure unnatural. The leveling of the Alps is one of the many artificialities man contrives in order to hold his ground in the struggle with nature. That is why the leveling of the Alps, though unnatural, is a positive thing.

111   One consequence of leveling the Alps will be that mankind will split into two groups. On the one side, the friends of art; on the other, salon Styrians, nature fanatics, mountain hikers, cavemen, and tourists. Putting the nature fanatics and mountain hikers right on this matter will be very difficult. Still, every attempt must be made to induce these people to join civilization. The difficulty will be very great in this instance because the engramming to be overcome is especially strong. The effort to civilize these people will therefore succeed only in the rarest of cases.

2   Plains and coastlines around the world are the geographic cradles of civilization. These environments, which are less oppressive than the mountains, are where the violent alteration of nature by man began. The same conditions that exist in the plains and along the coasts must be established where mountain ranges remain. It is a misconception to believe that civilization today has been spread even to mountain valleys. Only the outward attributes of civilization have been brought in. Unlike in antiquity, civilization today hinges on mobility and speed, to which mountains pose an insurmountable obstacle.

22   Greek myth recalls man's struggle with nature. Hercules and Theseus directed their activities—however fairly unambitious they still were— against nature and tradition. Daedalus escaped captivity with a flying machine that carried him to freedom. Daedalus was the first technologist or artist to be given a name. Odysseus, history's first avant-garde sculptor, defied the traditional, honest, and natural form of armed struggle by building a monumental wooden horse. These men were called "cunning" to indicate that they had dared to rise up against venerable traditions and succeeded in their attempts to break with those traditions.

222 The early historical consciousness is a collective engram recording the "victory over the prevailing conditions" achieved by a "cunning" individual or a collective compressed by myth into the figure of an individual. The process of mythmaking is the individualization of a general process. To allow for easy and effective comprehension of a historic situation, it is attached to a name. The "revolt against nature" in question is subsumed under the personal name and becomes easier to grasp. Unfortunately, these revolts also gave rise to universal feelings of guilt, resulting in fear. It was only when Socrates—the tradition on him blends mythical fabrication with historical fact—invented artificial philosophy, when he set the new invention of logic against the oracles' traditional allegiance to nature, that it became possible to overcome this fear.

3 One of the explanations for the resistance to nature is the urge to freedom. All freedom is freedom from nature. Unvanquished nature arouses fear, oppresses, instills timidity. The efforts we make to overcome this fear engender art and technology.

33 Art and technology are the best means to contain nature. The difference between art and technology is that products of technology are useful whereas products of art seem useless, although that is only because they are inexplicable at first sight. Art and technology make their presence felt with great insistence, they are necessary. Their necessity follows from their ability to help us keep the horrors of nature in check.

333 Art and technology spring from the same root. Yet art, in contradistinction to technology, is foundational, whereas technology is productive, the outcome. Art is older than technology. Technology served to realize what could not be realized with the means of art, which were unsuitable to the purpose. Technology without art, however, is like an apparatus without a program. A machine without spirit or purpose. There is an art without technology as well, yet it is barely more than vegetation, caught up in daydreams and fancies, devoid of particular effect. Art without technology recognizes the threat posed by nature but is powerless to combat it effectively. The consequence is an escape into fancies and daydreams. Yet when art is enhanced by means of technology, a state of affairs is attained in which reality surpasses even dreams. Technology must serve the old designs of art. Technology must facilitate and enable the implementation of the designs that have always been the purport of art.

4 The objects of art in museums and collections were created not only by artists but also by technologists. The "artist" is a Renaissance invention, his purpose is to manufacture pointless luxury goods, and he is of no serious use. The Renaissance "artist" does not actually make art. Instead of working against nature, he works for it. The split of what was originally an integral one into two—artist and technologist—follows from the thinking of the Renaissance, from a synthetic artistic style that failed to recognize the original drive that energized art and condescendingly classified everything. It seems as though the artists of the time foisted off the part of their work that struck them as tedious and undignified on technologists. Yet this was precisely the part that harbors the potential to realize the old intentions of art. This arrangement rooted in laziness and misconception has been cemented over the centuries, and the gap has become unbridgeable.

44 To stay alive, every human being must throw out old clutter, be it objects or ideas, to make room for new productions. When people

cannot do so, they become paralyzed, they lose their vitality. If museums are increasingly anachronistic, it is because the era in which the museum as an institution was created set the greatest store by paralyzing the "broad mass," allowing the humanists to shine the more brightly; today, by contrast, paralysis of the broad mass is regarded as undesirable, not least for psychological reasons.

444 Everyone today must seek to grasp the meaning of the technological age. Art is necessary to this task, as necessary as any basic foodstuff. In the past, the origination of technology, the planning of its use, and its implementation were in the same hands. Nowadays the artist is no longer in charge of planning and implementation, yet his work should be capable of bringing to light the source of the "fury of progress." This should enable every single individual to partake of the sense of safety created by technology in its opposition to the forces of nature.

5 The ruined city of Harappa is of interest to art historians. The art is buried under rubble and rank vegetation, research must be undertaken, "nature proved victorious," and so on. Meanwhile, technologists who show no regard for the Renaissance idea of art build the Aswan Dam and lunar landers. Yet Harappa was similarly built without regard for the Renaissance idea of art, by people who did nothing other than erect buildings as well as they could. How did this city suddenly become an object of art history? Something that, by exuding a holiday mood, distracts from the real problems, such as the resistance against nature?

55 A great contrast exists between art history and the object it studies, namely, art. One is in fact positively the opposite of the other. In the hands of traditionalists and enemies of art, the archaeological discovery, the excavated "cultural asset," is the bargaining chip and lever

they use to prevent further development. Yet art exists only where development never stops.

555 Art history is unnecessary to the leveling of the Alps.

6 To achieve freedom from nature, the "landscape," the "forces of nature," and the "nature of man" must be repressed. Stupidity, cowardice, tradition, timidity, aggression, narcoticism, and daydreams must be repressed. Freedom is achieved not by renouncing tensions but by persistent repression.

66 Stupidity, cowardice, tradition, timidity, aggression, narcoticism, and daydreams are relics of the past. Yet relics of the past are the causes of all backwardness. When a human being or a country lingers on any "stage of cultural development," that culture will rapidly turn into backwardness. That is why a country in which it is possible to promote the avant-garde without eliciting fierce protest and to install its members in positions that enable them to implement artistic and civilizational innovations will be at the forefront of global development. It is a widespread misconception that the expansion of the instruments of power is more important for every country than promotion of the arts. Examples aplenty illustrate that states that suppress the arts while expanding the instruments of power do not have a long lifespan. They are brought down by their desire for a motionless and immobile art or, in other words, by their attempt to freeze art, to turn it into culture. It follows that a country's living art is a gauge of its mobility, just as a seismometer is a gauge of earthquake activity.

666 One action for freedom is the observation of persons who cannot break free of the past. Individuals who hint at death sentences at the

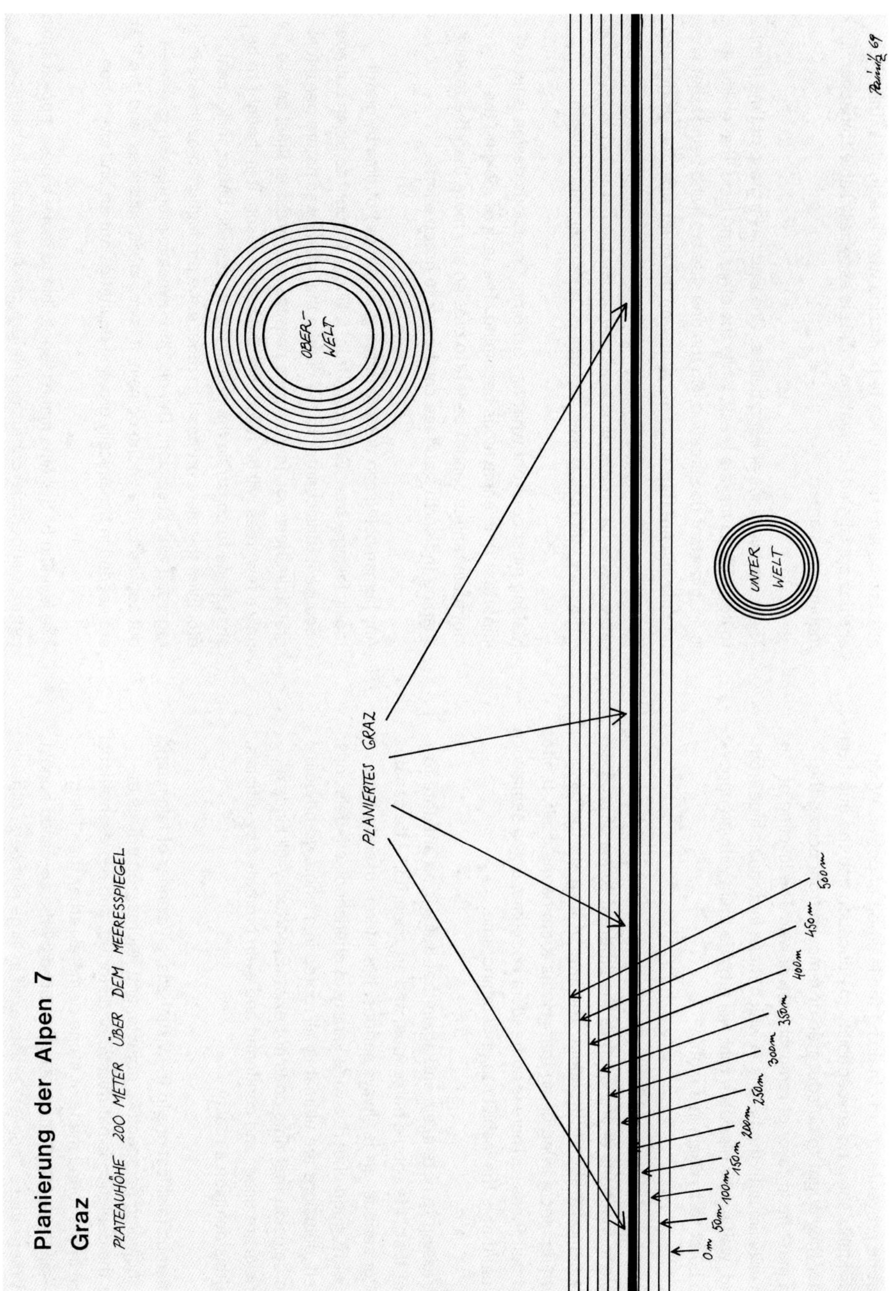

Planierung der Alpen 7 (Graz) | Leveling of the Alps 7 (Graz), 1969
Tusche, Letraset auf Papier | Ink, Letraset on paper, 34,8 x 49,6 cm; Land Niederösterreich,
Landessammlungen Niederösterreich | State of Lower Austria, Collections of the State of Lower Austria;
Foto | photo: Christoph Fuchs; © Bildrecht, Wien | Vienna, 2016

pub must be prevented from obtaining the least bit of power. When such individuals show no susceptibility to education and the question is whether they ought to be educated or removed from power, the decision must be in favor of removal from power. The leveling of the Alps will eliminate the haunts in which these individuals hide from the world, waiting for disasters that will provide them with an opportunity to burst forth again in a mob.

7   It is a widespread misconception that to oppugn and reject the incontrovertible foundations of life, such as the different forms of progression, is a demonstration of freedom. The laws of time are the basis of everything, and a living being that rejects them harms itself. It bites the hand that feeds it. There is no freedom from time, only a semblance of freedom that is the inability to understand time.

77   It is distressing to note again and again that there is no antidote to the belief that "life should be serious, and art cheerful." Life can be cheerful or serious, art is always serious. It is merely used to camouflage with "good cheer" a wide variety of cherished self-delusions. These self-delusions are ultimately all rooted in a single grand delusion: the delusion that time does not exist. Even today, all kinds of magic tricks are used, and condoned and even promoted by officials, to make this delusion a reality.

777   The numerous falsifications in the visual arts, all manner of fakery and illusion, including perspective, objects, and figures, regardless of whether the depiction is naturalistic or distorted, and representational sculpture in the round made of stone or metal rather than living matter—all these falsifications are produced by the so-called honest artists. Where these "honest" artists exist in large numbers, other

artists who limit themselves to producing what is actually within their abilities are labeled "charlatans." This is especially liable to happen in mountainous areas.

8   There are two kinds of living beings. One kind has a grasp of time thanks to its ability to make a break, while the other kind lacks that ability. It is an important demarcation. On the one side are living beings that know no time and are thus parts of nature; on the other side, the insight into the reality of time paves the way for the departure from nature. It is a prerequisite for art that time has been understood in an act of reflection; nature, by contrast, is time that has no understanding of itself.

88   Making must confront what has become. Conscious design is more important than anonymous becoming. The task of molding the mountain ranges cannot be left to erosion any more than the task of shaping the earth's surface can be left to green plants.

888   Any human being can demonstrate his awareness of time by gratuitously felling a tree. Gratuitous tree-felling is thought to be an outrage, because it runs counter to the dictum that man owes nature perpetual gratitude. However, few persons possess awareness of time, and so only a few trees will be felled. For the same reason, it is thought to be an outrage to constrain the production of cereals, butter, milk, meat, etc. Even the mere proposal to reduce the production-growth rate is regarded with suspicion. The need for dynamic progression is sensed but applied to the wrong domain. It is not meat, sausages, and lard that are needed in dynamically growing quantities but art and civilization.

9   The leveling of the Alps makes it possible to make a plane appear amid nature's superficial confusion. Nature can only engender surfaces, a

naturally grown plane is unthinkable. A plane that is not a surface is incorporeal, the realization of a plane entails its corporealization. The plane that comes into being in the leveling of the Alps is one such corporealized plane and thus plane and surface at once. The fact that this plane is a perfectly even surface reveals the intention to create a plane to have been the agent that brought it into being.

99 The plane underlies all surfaces, it is the universal quality shared by all surfaces and cannot become visible in the world of things. A surface is required to render a plane visible. This does not imply, however, that the surface is more important. The acceptance of a readily available surface is the path of lesser resistance and a sign of respect for nature.

999 For man, the plane is tantamount to an action against nature. The earliest such action was the leveling and tamping of a building site on which a house was then erected. Only then was man able to abandon cave dwelling for freedom.

10 I recommend that the Austrian federal government diminish the Großglockner as an experiment and preliminary stage to the leveling of the Alps. Later on, Europe may be bulldozed and covered with a layer of concrete. The Venediger and Glockner mountain ranges will be replaced by the man-made Venediger and Glockner Plateau at an elevation of 2,500 meters above sea level. Experience gained in the project will prove useful for the subsequent leveling of the Alps. In technical terms, realization of the project will begin with rough demolition of all major peaks using appropriately sized nuclear detonations, followed by the leveling of minor elevations using conventional explosives. The remaining leveling and cleanup work and the application of the concrete cover will be performed using road-construction technology; the entire military will be deployed.

1010 Nuclear fission is the first technology to endow art with the kind of force only nature has hitherto been known to possess. There is no good reason why nuclear fission should serve to spread fear as though it were an actual force of nature. Nuclear fission allows man to confront the forces of nature on an equal footing. It is the tool that enables him to overcome a fear that is a relic from a prehistoric past when all living beings were victims of nature's predations. Unfortunately, the employment of nuclear fission requires the cooperation of people who would very much like to use it against humans—which is also to say, against themselves—rather than against nature. Under the pretext of pacifism, they insist on reserving nuclear fission for its original purpose as a dangerous weapon. It is to be hoped that different people will occupy these key positions of influence over the employment of nuclear fission in the future. Another generation will be able to use nuclear fission to resolve global problems that are more important than warfare. Artificial harbors can be built, deserts can be irrigated. Foodstuffs can be produced underground or on other celestial bodies. The bulldozing of the mountain ranges can open up all valleys to global civilization and art.

101010 No conceivable effort must be spared to make room for the artificial. It is man's destiny to advance the artificial in the world and repress the natural. With the aid of art and technology, the earth—provided that it is universally understood to be man's property—can be altered and remodeled as desired. There is no reason whatsoever to fear spirits and demons. Once man has vanquished nature, demons and spirits cease to exist.

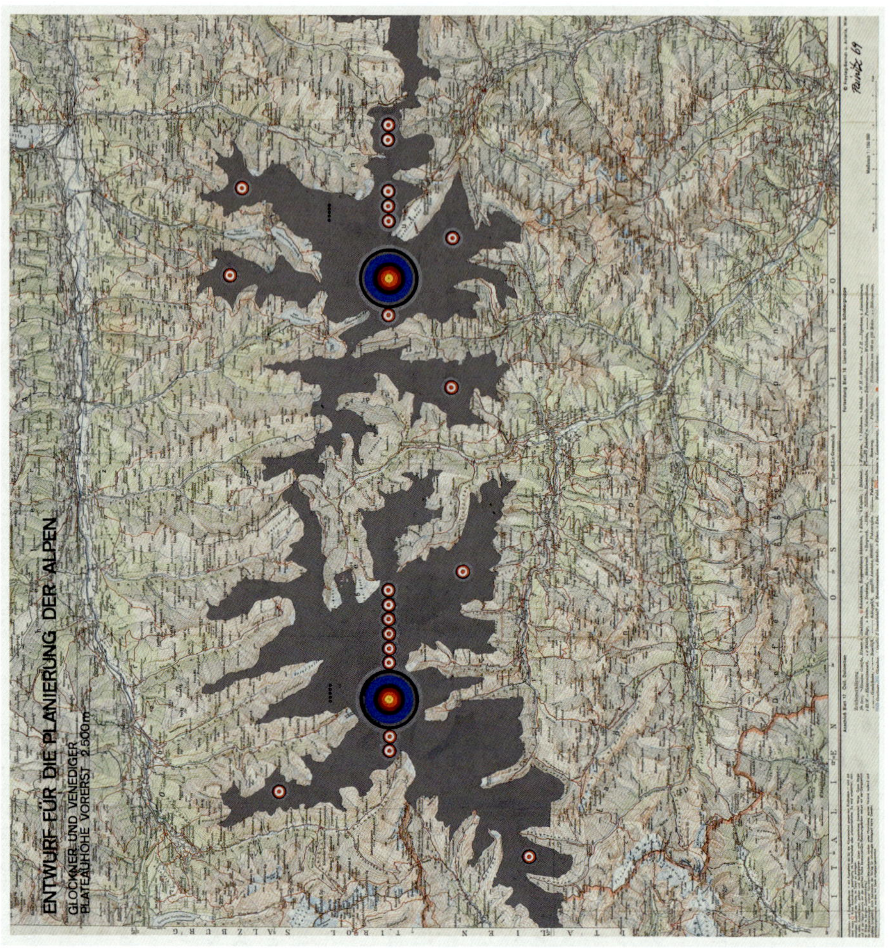

Entwurf für die Planierung der Alpen (Glockner und Venediger) | *Design for the Leveling of the Alps (Glockner and Venediger)*, 1969; Acryl, Letraset auf Landkarte | Acrylic, Letraset on map, 59 x 62 cm; Land Niederösterreich, Landessammlungen Niederösterreich | State of Lower Austria, Collections of the State of Lower Austria, Foto | photo: Peter Böttcher; © Bildrecht, Wien | Vienna, 2016

Die rapide Ausbreitung von Stoffen, die keinerlei Beziehung zu einem *einzelnen* Ort haben, verändert die Logik des Erdsystems, sowie die wechselseitige und relationale Ethik, die uns auffordert, sie zu beachten. Sogar auf geologischer Ebene tragen Gesteine Spuren und Inschriften ihrer Geschichte, entstanden in Wechselwirkung mit den Aktivitäten der Geschöpfe, die in einer bestimmten Umgebung ansässig sind, durch sie ziehen, in ihr leben und sterben. Ein Material wie Kunststoff entzieht sich einem derartigen Verständnis von Ökologie als ortsspezifischem Schaffungsprozess. Kunststoff gibt es überall. In ihrem provokativen Bericht über Kunststoff, Erdöl und Kunst schreiben Amanda Boetzkes und Andrew Pendakis, „Kunststoff ist immer nur ein ‚etwas' oder ‚irgendein', aber nie ein bestimmter ‚dieser' oder ‚jener'. Er erscheint endlos, bar jeglicher Eigentümlichkeit und jeglichen Hinweises auf einen bestimmbaren Raum oder eine Zeit."[18] Er hat keinen Geburtsort, keine evolutionäre Heimat, keine Beziehung zu seiner Umgebung. Er hat keine *Umwelt*, oder keine Welt, die auf koevolutionäre Weise entstanden ist, in dem von Jakob von Uexküll beschriebenen Sinn.[19]

Das ist einer der Gründe, warum Kunststoff für uns so attraktiv ist. Von seinen unzähligen Anwendungen einmal abgesehen, entbindet Kunststoff uns von unserer Verpflichtung zu Erde und Ort. Er kommt daher wie befreit von historischer Gewichtigkeit, scheinbar leicht und vielseitig verformbar. Der Grund ist seine vollkommen entfremdete Wesensart. In den 1950er-Jahren, als Plastik in den Warenkapitalismus eingebunden wurde und ihn in vielerlei Hinsicht veränderte, „wurde Plastik als ein Stoff vermarktet, den weder Geschichte noch Natur zersetzen können"[20]. Damit sich Plastik kommerziell durchsetzen

[15] Patricia Corocan, Charles J. Moore und Kelly Jazvac, „An Anthropogenic Marker Horizon in the Future Rock Record", *GSA Today 24*, Nr. 6, Juni 2014, S. 6.

[16] Jeanette Amstrong, Vortrag auf der Konferenz der Association for Literature, Environment, and Culture in Canada, 7.8.2014.

[17] Dwayne Donald, „Forts, Curriculum, and Ethical Relationality", in: *Reconsidering Canadian Curriculum Studies: Provoking Historical, Present and Future Perspectives*, hg. von Nicholas Ng-A-Fook und Jennifer Rottman, New York 2012, S. 39–46.

[18] Amanda Boetzkes und Andrew Pendakis, „Visions of Eternity: Plastic and the Ontology of Oil", *e-flux journal*, Nr. 47, September 2013, S. 2.

[19] Vgl. Jakob von Uexküll, *Streifzüge durch die Umwelten von Tieren und Menschen* (1934), Hamburg 1956.

[20] Esther Leslie, *Synthetic Worlds: Nature, Art and the Chemical Industry*, London, 2005, S. 14.

konnte, musste ein Verwendungszweck, besser so viele wie
möglich geschaffen werden, und er musste einfach zu entsorgen
sein. Plastik wurde ein Synonym für Kurzlebigkeit. Genau aufgrund seiner fabrizierten Verfügbarkeit erschien er wie ein Stoff
ohne Ontologie. Auf diese ontologische Problematik wird in der
Bezeichnung *Plastik* angespielt, d.h. auf die Fähigkeit verformt,
gestaltet und verwandelt zu werden. Darauf hat Roland Barthes
1957 in seinem gleichnamigen Essay hingewiesen: „Das Plastik
ist weniger eine Substanz als vielmehr die Idee ihrer endlosen
Umwandlung, es ist, wie sein gewöhnlicher Name anzeigt, die
sichtbar gemachte Allgegenwart. [...] es ist weniger Gegenstand
als Spur einer Bewegung."[21]

Boetzkes und Pendakis greifen diesen Gedanken wieder
auf, wenn sie schreiben, dass Kunststoff sich ontologischer
Kategorien widersetzt: „Tatsächlich ist Kunststoff weniger eine
Substanz als ihre Antithese, ein Paradigma, das Substanz zu
einer von den stabilisierenden Koordinaten von Gegenwart und
Bedeutung entbundenen Existenzweise transformiert."[22] Sich
in den Koordinaten der Gegenwart und Bedeutung zu verankern,
macht meiner Ansicht nach Erdgebundenheit aus: zu formen
und geformt zu werden, eingebunden in Beziehungen zu Mineralien, Tieren, Wasser, Luft sowie Wandlungen, Transformationen
und Stoffwechseln unterworfen. Kunststoff hingegen ist eine
Oberfläche; Obwohl er sich an geologische Schichten anschmiegt,
bleibt er von der Erde getrennt. Kunststoff wird als reine Oberfläche konzipiert, bar jeder Variation, ohne Geschichte. Wir
nutzen ihn so massiv, weil er zu allem werden kann. Er ist durch
den Willen und die Launen menschlichen Erfindungsreichtums
endlos wandel- und formbar. Kunststoff enthebt sich selbst ontologischer Standardkategorien, weil er aufgrund seines Designs
und seiner Notwendigkeit universell ist. Er wird universell, indem
er von der Erde abstrahiert wird. Wie Esther Leslie in ihrem her-
vorragenden Buch über Kunstfertigkeit, Natur und die chemische Industrie schreibt: „Es galt, die Oberherrschaft der Zeit zu
brechen [...] durch die zunehmende Macht chemischer Reaktionen — die neuzeitliche Magie besteht darin, natürliche Prozesse
kurzzuschließen. [...] Im Laufe der Zeit verwandelt die Technik
die Zeit an sich, trennt sie von natürlichen Rhythmen und macht
aus ihr eine abstrakte Universalie."[23]

Kunststoff bricht die Zeit auf. In komprimierter und neu
zusammengesetzter Form existiert er jenseits der Kreisläufe von

Leben und Tod, in einer untoten Zeit, deren Existenzweise
höchstens noch der Geologie verwandt ist. Anstatt zu vermuten,
es handele sich bei Kunststoff um eine Entgleisung einer ontologischen Kategorie, wäre es möglicherweise ergiebiger, ihm eine
Art *Geontologie (geontology)* zuzuordnen. Hierin besteht die
Kunst des Kunststoffs: Wenn er in seiner universellen Stofflich-
keit auftritt, ist er Vertreter einer starren Ontologie, einer ontologischen Form, die sich selbst viel zu ernst zu nehmen scheint,
ein stures Wesen, das seinen Abgang verweigert. Wenn man den
Lebenszyklus von Kunststoff nachvollzieht, gelangt man nicht
zu einer kurzlebigen, nicht-ontologischen Kraft, sondern zu einer
allzu materiellen und materialisierten Menge weltweiter Auswirkungen auf viele sowohl menschliche wie nichtmenschliche
Wesen. Kunststoff stellt die grundlegende Logik der Endlichkeit
dar. Er birgt in sich die erschreckenden Auswirkungen der Unfähigkeit zu zerfallen, sich wieder in das System von Vergehen
und Wachsen einzufügen. Der Versuch, dem Tod zu entkommen,
hat Systeme wirklicher Endlichkeit entstehen lassen, was die
Auslöschung vieler Lebensformen nach sich zieht. Ich entnehme
die Begriffe Endlichkeit (*finitude*) und Erlöschen (*extinguishment*)
dem noch erscheinenden Buch *Geontologies: A Requiem to Late
Liberalism* von Elizabeth Povinelli.[24] Mit dem Begriff Endlichkeit bezieht sich Povinelli auf ein metaphysisches Verständnis
westlicher Kulturen, den Tod als das Ende einer auf Kohlenstoff
basierenden Lebensform zu begreifen. Endlichkeit bildet das
Schauspiel der Existenz ab, das sich in der teleologischen Orien-
tierung der Zeit an unserem Ende erschöpft: Es ist eine auf das
Individuum, von Geburt über Wachstum zum Tod, zugeschnittene
Einbahnstraße. Jean Baudrillard hat angemerkt, dass wir auf den
Zufall, der uns in eine ungewöhnliche Ungewißheit versetzt hat,

[21]   Roland Barthes, *Mythen des Alltags (Mythologies*, 1957),
       Frankfurt am Main 1996, S. 79.
[22]   Boetzkes und Pendakis 2013, S. 1.
[23]   Leslie 2005, S. 9.
[24]   Vgl. Elizabeth Povinelli, „Geontologies of the Otherwise",
       Cultural Anthropology, 13.1.2014, http://culanth.org/
       fieldsights/465-geontologies-of-the-otherwise; Elisabeth
       Povinelli, „The Anthropocene Project: An Opening", Vor-
       trag am Haus der Kulturen der Welt, Berlin, 20.1.2013,
       http://youtube.com/watch?v=W6TLlgTg3LQ; Povinelli,
       „Geontologies: Being, Belonging and Obligating as Forms
       of Truth", Vortrag am Northern Institute, Charles Darwin
       University, Darwin, Australia, 1.10.2013, http://youtube.
       com/watch?v=oRcEydtnM3w

„mit einem Exzeß der Kausalität und Finalität geantwortet"[25], haben. Dieses dramatische Schauspiel der Endlichkeit ist eng mit unseren Vorstellungen von unserer Existenz als Individuen wie als Spezies verflochten und wird besonders in einigen aktuellen apokalyptischen Erzählungen in Zusammenhang mit dem Anthropozän deutlich.

Da das Anthropozän sich auf einen viel zitierten und problematischen Gebrauch des Begriffs *anthropos* stützt, scheint es dieser teleologischen Erzählung nachzukommen, indem es der Vorstellung Vorschub leistet, der maskulinistische technische Akteur als Inbegriff der Menschheit treibe schicksalhaft deren eigenes Ende voran. In diesem Szenarium ist zum einen die vorgeschlagene zwingende Endlichkeit problematisch – dass ein klares, sauberes und definiertes Ende bevorsteht, anstatt des viel wahrscheinlicheren Szenariums fortschreitender Verwüstung, Ausrottung von Arten und Mutation in Richtung einer Zukunft, die zunehmend toxischer werden wird, aber darüber hinaus schwer zu prognostizieren ist – und zum anderen, dass der Mensch durch seine eigene Herrlichkeit zuletzt in Flammen aufgehen wird.

Diese undifferenzierte Dramaturgie des Endes zeigt sich in Benjamin Brattons Erläuterung seines Begriffs des *Post-Anthropozäns*[26]; des weiteren taucht sie in einer unheilvolleren Form bei jenen auf, die die gegenwärtigen Bedingungen als eine willkommene Gelegenheit begreifen, ungebremstes Wachstum zu fördern. Und dann gibt es noch politische Perspektiven, die mit dem, was Clive Hamilton als das „gute Anthropozän" bezeichnet hat, in Verbindung gebracht werden. Er schreibt: „Ein neuer Schlag Ökopragmatiker hieß die Epoche als eine Gelegenheit willkommen. Sie haben sich um das Breakthrough Institute herum versammelt, eine ‚neogrüne' Denkfabrik, die von Michael Shellenberger und Ted Nordhaus gegründet wurde. Sie sind die Verfasser des umstrittenen Beitrags *The Death of Environmentalism*[27] aus dem Jahr 2004. Sie leugnen die globale Klimaerwärmung zwar nicht, stattdessen sehen sie leichtfertig darüber hinweg und bestehen darauf, dass menschlicher Erfindungsreichtum und Technologie künftige vom Erdsystem aufgeworfene Obergrenzen und Umschlagpunkte überwinden werden."[28]

Dieser Technik-Utopismus entspricht genau jener Logik, die uns von unseren grundlegenden Bedingungen als erdgebundene Wese absehen ließ. Sein Interesse liegt ausschließlich in der

Ausweitung einer speziellen Lebensweise und der Individuen, die daraus Vorteil gewinnen, anstatt die zyklische, prozesshafte und transformative Natur des Lebens an sich zu verstehen. Die Regentschaft des Todes, die durch unseren naiven Glauben ausgelöst wurde, Erdsysteme kontrollieren und beherrschen zu können, sollte doch eigentlich genügen, um uns davon abzuhalten, diesen Weg noch weiter zu verfolgen.

Povinelli macht *Erlöschen* als ein alternatives Rahmenkonzept zur Endlichkeit geltend. So werde anerkannt, dass Dinge leben und sterben, sich in neuartiger Form wieder zusammensetzen – all dies ohne das dramatische Schauspiel des *Endes*. Bestimmte Anordnungen von Stoffen, Politik, Ideen und Organismen gehen offensichtlich auf das Ende ihrer Existenz zu, andere entstehen zur gleichen Zeit. Erlöschen lässt allerdings den teleologischen Impuls zurück, indem es die Kreisförmigkeit und Fruchtbarkeit lebendiger Systeme anerkennt. *Diese* Zivilisation möge sterben, doch dieser Tod birgt die Möglichkeit einer Neuanordnung des Übrigbleibenden in sich. Die Menschheit wird mit hoher Wahrscheinlichkeit aussterben, und man wäre kaum überrascht, wenn dies bereits in naher Zukunft geschehen würde. Doch das bedeutet nicht, dass die Arten sich evolutionär nicht fortentwickeln und mutieren würden oder dass unsere Nachkommen, wenngleich hauptsächlich bakterieller Art, die von uns hinterlassene Welt nicht erben würden. Genau diese Problematik des Erbes, der Verpflichtung und des Verantwortungsgefühls angesichts der Zukunft, so trostlos sie auch sein mag, entledigt uns der Apokalypse oder des *Endes des Menschen* auf allzu leichte Weise. Das Konzept des Erlöschens akzeptiert biologische, technische und soziale Limitierungen, allerdings ohne sie in das Drama eines glatten Bruchs zu verpacken. Es erkennt

[25] Jean Baudrillard, *Die fatalen Strategien* (*Les stratégies fatales*, 1983), München 1991, S. 13.

[26] Zu einer Erläuterung von Brattons Argument und seiner besonders problematischen Behauptung einer prinzipiellen Beschleunigung (*accelerationism*), siehe Benjamin Bratton, „Some Trace Effects of the Post-Anthropocene: On Accelerationist Geopolitical Aesthetics", *e-flux journal*, Nr. 46, Juni 2013, http://e-flux.com/journal/some-trace-effects-of-the-post-anthropocene-on-accelerationist-geopolitical-aesthetics

[27] Ted Nordhaus, Michael Shellenberger, *Break Through: From the Death of Environmentalism to the Politics of Possibility*, Boston 2007.

[28] Clive Hamilton, „The New Environmentalism Will Lead Us to Disaster", *Scientific American*, 19.6.2014, http://scientificamerican.com/article/the-new-environmentalism-will-lead-us-to-disaster

zudem an, dass Kunststoff durch seine Verbreitung *bestimmte* Welten abtötet und obwohl er selbst das Drama der Endlichkeit verkörpert, sich selbst den Zyklen des Erlöschens verweigert.

Der Begriff Erlöschen öffnet einen anderen erzählerischen Rahmen, der den Schrecken des Artensterbens anerkennt, aber dies nicht als vorherbestimmten oder notwendigen Ablauf betrachtet. Er umfasst sowohl die Fruchtbarkeit des Lebens als auch die Beliebigkeit seiner Systeme und er macht zudem Vorschläge, wie Menschen beginnen können, Verantwortung für ihr Handeln zu übernehmen – ohne das mit dem Schicksal der Menschheit zu verbinden. Obwohl wir, wie Peter Sloterdijk uns erinnert, dazu verdammt sind, in etwas enthalten zu sein, „auch wenn die Behälter und die Atmosphären, von denen wir uns umgeben lassen müssen, nicht mehr wie gute Naturen vorausgesetzt werden dürfen,"[29] muss es uns gelingen, Lebensweisen zu finden, die ohne Kategorien und Fantasien von Beherrschung (*containment*) weder in Bezug auf Zeit noch auf Materie auskommen. Wir müssen die Durchlässigkeit unserer Körper und Gedanken anerkennen, die Ökonomie und Materialien durchdringen und die unseren Abfall über den Planeten verteilen und in die ferne Zukunft tragen. Das bedeutet eine queere Zukunft, eine Zukunftsethik, die auf die Wesen ausgerichtet ist, die wir unbeabsichtigt durch die Ausbreitung der Kunststoffe und durch den Tod zahlreicher anderer Wesen in die Welt setzen.[30] Wir müssen an der Entwicklung von Verwandtschaftssystemen arbeiten, die sich nicht auf heteronormative Fortpflanzung berufen – ein Reproduktionssystem, das endokrine Disruptoren, die in vielen Kunststoffen enthalten sind, bereits bei vielen Arten blockieren. Wir müssen stattdessen lernen, uns einer Zukunft anzunehmen, die von unserer jetzt gelebten Gegenwart in vielem sehr verschieden sein wird. Und das beinhaltet ein artenübergreifendes Verwandtschaftssystem, das viel von der gegenwärtigen Queer-Kultur lernen kann. Wir müssen lernen, alle möglichen fremden, menschlichen oder nichtmenschlichen, Lebensformen zu akzeptieren und für sie Fürsorge, Mit- und Pflichtgefühl, das nicht auf Biologie basiert, zu entwickeln. Dienihilistischen, apokalyptischen und maskulinistischen Technik-Fantasien der Zukunft führen nur zur fortwährenden Reproduktion der gesellschaftlichen Ordnung. Die Zukunft als queer, in dem Sinn einer vollständigen Störung, anzuerkennen, bedeutet einen Weg zu finden, mit Giftigkeit und Ausrottung und ohne Vergewisserung eines offenen Zukunftshorizontes zu leben.

Wir müssen ein gewisses Maß an Zweifel in unserem Denken zulassen, einen Zweifel, der sich der Herrschaft zugunsten des Idioten entsagt, der auf eine Praxis der Verlangsamung und des Zögerns besteht, wie es Isabelle Stengers in ihrem kosmopolitischen Vorschlag unterbreitet.[31] Wir können unseren Weg nicht dadurch abändern, dass schlichtweg das Ende aller Tage ausgerufen wird; sogar in unserer Ausweglosigkeit fällt uns eine Verantwortung zu, der langsamen Gewalt, die den Ärmsten dieser Welt und anderen Wesen angetan wird, Rechnung zu tragen. Letztendlich müssen wir uns von der Logik des Plastiks losreißen.

[29]   Peter Sloterdijk, *Luftbeben. An den Wurzeln des Terrors*, Frankfurt am Main 2002, S. 108.

[30]   Zu weiteren Verbindungen zwischen Queer-Theorie und Kunststoff, siehe Heather Davis, „Toxic Progeny: The Plastisphere and Other Queer Futures", *philoSOPHIA 5*, Nr. 2, Sommer 2015, S. 231–50.

[31]   Stengers schreibt: „Es geht darum, den Stimmen in der politischen Diskussion ein Gefühl zu verleihen, dass sie die von ihnen diskutierte Situation nicht beherrschen, dass das politische Feld bevölkert ist von den Schatten derer, die kein politisches Mandat besitzen, es nicht besitzen können oder dies nicht wollen. [...] Der kosmopolitische Vorschlag hat daher nichts mit Programmatik zu tun, sondern viel eher mit einem vorübergehenden Schrecken, der die Selbstsicherheit erschreckt, ganz gleich, ob sie gerechtfertigt ist oder nicht." Isabelle Stengers, „The Cosmopolitical Proposal", in: *Making Things Public: Atmospheres of Democracy*, hg. von Bruno Latour und Peter Weibel, Cambridge, MA. 2005, S. 996.

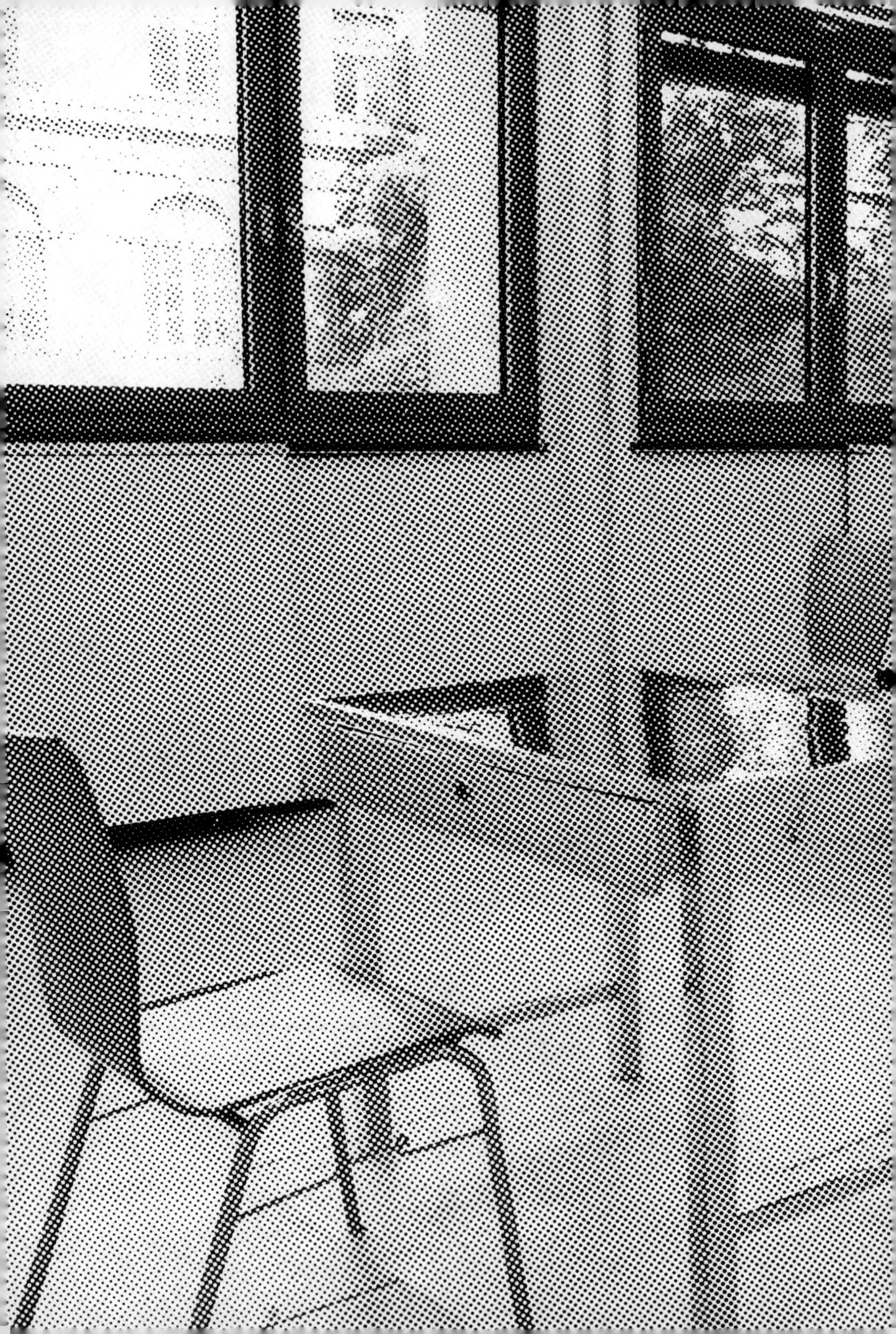

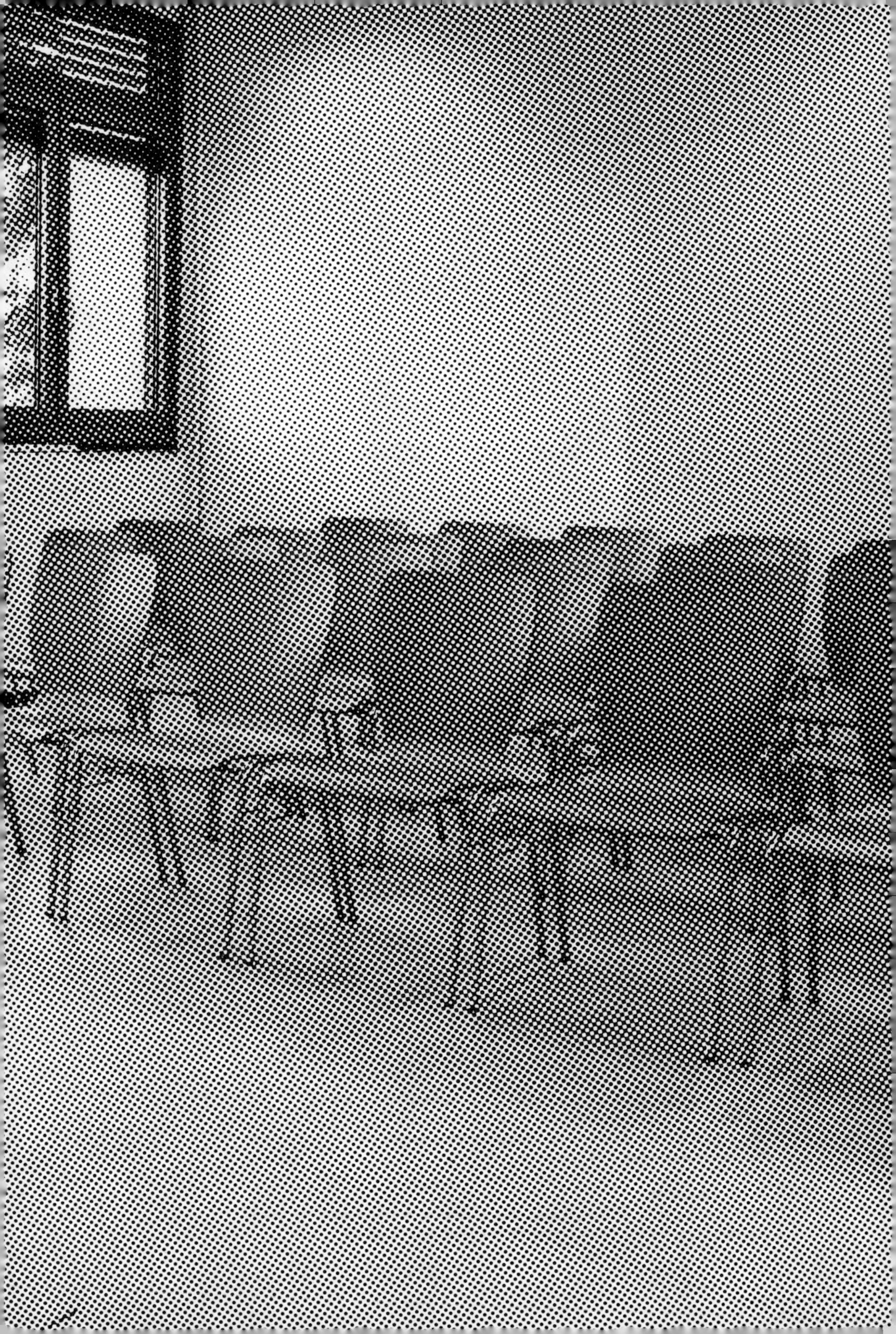

Display Round Table*
145 XPS Slabs**

*   Text: Julia Mag
**   Francesca Aldegani, Christina Gruber, Natalia Gurova, Katharina Körner, Julia Mag
       145 XPS extruded polystyrene rigid foam panels, mirror foil, table
       With support by fellow students of the Department of Site-Specific Art
       Mentoring: Katrin Hornek, Nina Herlitschka

Fig. p. 4–7/11, 125–27/131
       Installment, Display Round Table, *Humans Make Nature. Landscapes of the Anthropocene*,
       University of Applied Arts Vienna; photos: Hanna Burkart, Nora Gutwenger

The Anthropocene is a contentious subject. An artistic response to the theme is bound to match, if not further, the controversies present in the discussion. In the case of the display presented for the 2015 conference *Humans Make Nature. Landscapes of the Anthropocene,* held in Vienna, the aim was to create a subtle but inescapable entity to be a setting that would contribute to the understanding of the Anthropocene and open room for conversation.

The display was functional as a conference room yet open for interpretation as an interactive work of art and, as such, aimed to make the concept of the Anthropocene palpable through the nature of the interaction it forced on the participants. The elements of a conventional conference room were all present, but their appearance was closely knit with the thought process underlying the display as an artwork.

To lessen the feeling of a barrier between audience and lecturer, a smaller table, covered in mirror foil, was chosen to serve as a buffer. On the reflecting surface, both speakers and listeners saw their own image, thus presenting a reminder of their roles. The mirror foil and the metal legs of the furniture were visual bridges to the yellow XPS flooring, strengthening the cohesion of the display.

XPS, while possessing a durable molecular structure, does not hold up well against weight; footsteps leave behind distinct markings. The legs of chairs sink into the slabs under the weight of people sitting, thus obstructing the unconscious action of shifting or readjusting a chair's position. At the end of the conference, each participant had left their mark behind on the yielding but unforgiving surface of the XPS. The display can now be taken apart and each piece kept as a memento of the actions one was not conscious of doing—or thrown away.

XPS has a long-lasting and far-reaching effect on our world that we are hoping to bring to the spotlight through the display. The material is widely used as thermal insulation in houses, surrounding us in our daily lives yet going unnoticed. This piece brings XPS to light, exposing callously the material that we consume worldwide by the millions of tons per year. This alarming number is all the more significant because XPS does not biodegrade for hundreds of years. Its concentration in molecular form is rapidly increasing in the oceans and circulating into the food chain through marine animals.

XPS has the scientific name Poly(1-phenylethene). It is a side product of the war industry, created with the aim of replacing die-cast zinc in certain applications. The manufacturing of polystyrene in pellet form began in Germany in 1931, but the American company Dow Chemical is credited with the invention of the Styrofoam process. XPS is flammable, and was found to be carcinogenic, which makes its use controversial.

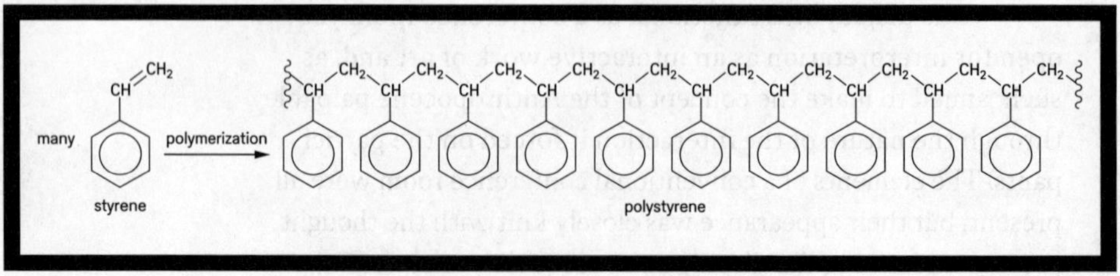

1   Chemical reaction diagram showing polystyrene formed by polymerization of styrene

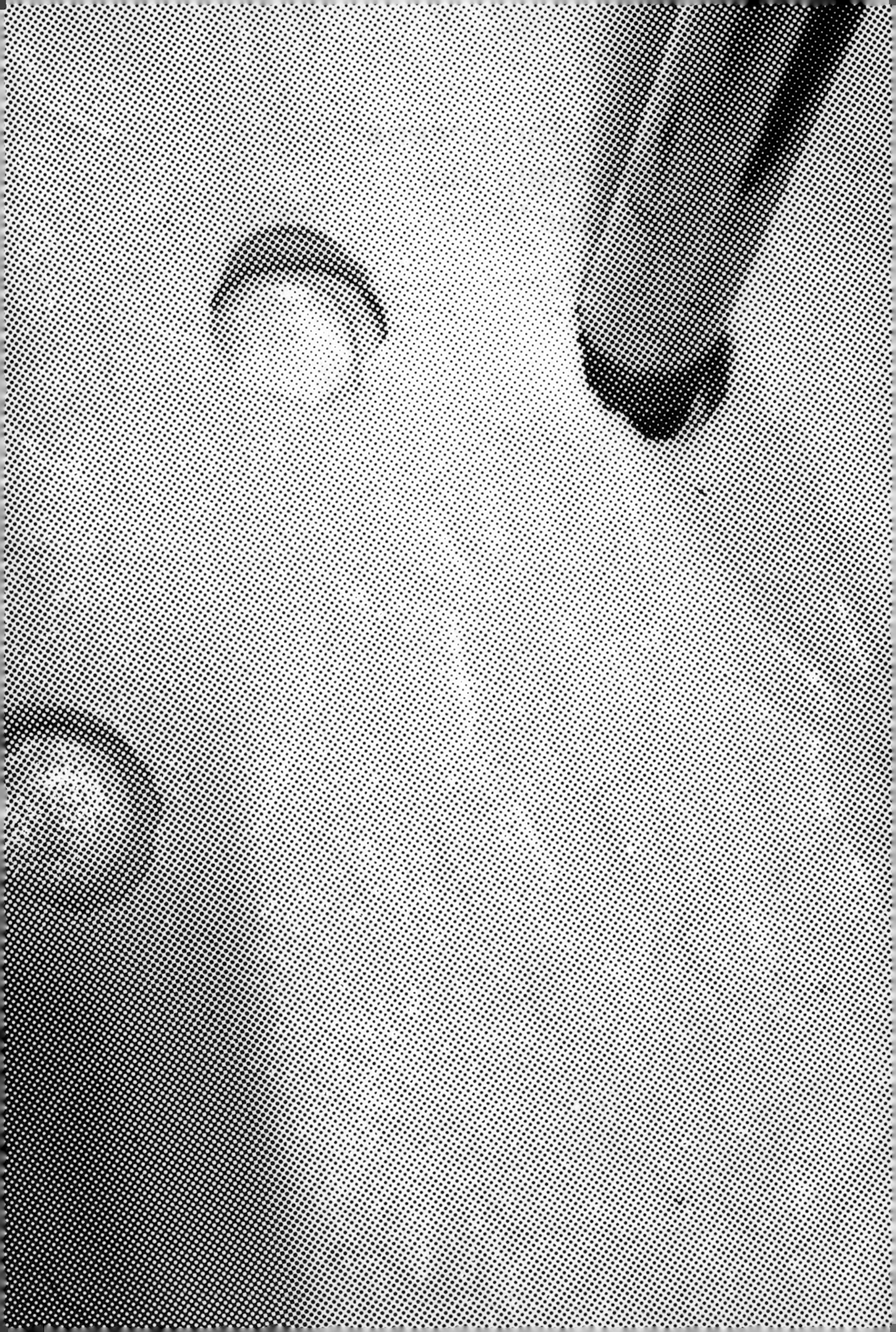

Gerald Bast[*]

Man in the Anthropocene Needs Art to Help Him Understand His World

[*]   Rector, University of Applied Arts Vienna

In a world dramatically altered to an unprecedented extent by the sole agency of human action, a world in which humanity itself has become a force of nature, it is existentially important that we question, deconstruct, and demystify the ostensibly inevitable and inalterable processes that make up our reality.

As Edward Wilson, one of the preeminent evolutionary biologists of our time, explains in his magnum opus, *The Social Conquest of Earth*,[1] art—making it as much as engaging with it—has been and remains an essential factor in human evolution. Even in the Stone Age, man evidently needed art to help him understand his world, and in the Anthropocene, that need is no less urgent.

In the Renaissance, man, guided by the light of reason, challenged the supremacy of the Creator God. The revolutionary transformation of our worldview that is imminent today will similarly shake our confidence in the future to the core. Perhaps more than anything, we need to create new narratives and images that will help us map out fresh ideas: it is ideas, not products, that have been our beacons in periods of upheaval. And as in the Renaissance, art will have a key role to play.

To what extent will the effects of global warming and global migration flows remake public spaces and the landscape as the settings of human habitation and culture? Which new dimensions of the understanding of space may the insights of quantum physics open up for human perception? How will the digital revolution impact the public sphere? How profoundly will biotechnology alter nature? How can we begin to chart a revision—even a redefinition—of ideas central to human life such as the public sphere, space, nature, and how they relate to freedom? No single discipline—not economics, not technology, not philosophy—can offer conclusive answers to these questions. The issues involved are so enormously complex, the potential repercussions of any development so multidimensional, that established scientific methods can hardly grasp them.

The world of art, Herbert Marcuse has argued, is the domain of another reality principle, in which estrangement is key. Defamiliarizing the familiar, art serves an epistemological purpose; it communicates truths not communicable in any other language.[2] The ideas behind the artistic act of the transformation and translocation of reality are the sources of its meaning and influence. Images of whichever kind, whether in two or three

dimensions, even the ones our minds are prompted to produce
by performative acts, are often more powerful than reality itself.

Despite—or perhaps in fact because of—the dramatic
increase in knowledge over the past hundred years, uncertainty
and bewilderment overshadow life today more than ever before.
The omnipresent ambiguity and complexity of the realities
around us call for productive ways of dealing with our sense of
ambivalence and instability. Where we fail to devise such strategies, we leave the field to those who offer apparently simple
solutions, solutions that ultimately pave the way for totalitari-
anism. That is why we need disruptive energies to jolt us out
of entrenched habits of mind and patterns of analysis—energies
of the sort art is said to unleash. The process of civilization is
first and foremost a cultural process. Technological and economic
innovations can set new, far-reaching developments in motion
and open up fresh perspectives, yet their lasting influence on human civilization is ultimately determined by the culture in which
they are embedded and that transforms them. If we succeed in
establishing creative skills—such as the ability to think outside
the box, to question the familiar, to project new scenarios, to draw
connections and communicate them, to fill others with a sense of
awe—as pivotal cultural techniques, then we have every reason,
even in the age of the Anthropocene, for evolutionary widow.

The dedication of the students and teachers working in
Paul Petritsch's Department of Site-Specific Art at the University of Applied Arts Vienna, who organized the symposium
that resulted in the present volume, is encouraging. And however optimistic we may be: we will need courage to meet the
challenges ahead.

[1]   Edward O. Wilson, *The Social Conquest of Earth*
       (New York and London: Liveright, 2012).
[2]   Herbert Marcuse, *The Aesthetic Dimension of Art:
       Toward a Critique of Marxist Aesthetics* (Boston:
       Beacon Press, 1978), 10.

Introduction Round Table[*]
Humans Make Nature
Landscapes of the Anthropocene

[*]   Participants: Heather Davis, Matt Edgeworth, Gabriele Mackert,
Gloria Meynen, Christian Schwägerl
Concept: Katrin Hornek, Gabriele Mackert, Ralo Mayer,
Paul Petritsch, Nicole Six, Hannah Stippl
Project management: Katrin Hornek
Coordination: Nina Herlitschka
Copyediting folder: Claudia Slanar
Translation folder: Brían Hanrahan
Video documentation: Hüseyin Keskin
Display: Francesca Aldegani, Christina Gruber, Natalia Gurova,
Katharina Körner, Julia Mag
Mentoring: Nina Herlitschka, Katrin Hornek

Acknowledgements
Heather Davis, Matt Edgeworth, Gloria Meynen, Christian Schwägerl

Landscape booms—as a subject for the arts but also for theoretical analysis. Landscape has historically reflected systems of ownership rather than being an ideal of nature. In the Anthropocene, it is at least far removed from idyllic vistas or rustic scenery; it is a largely artificial system of human-made spaces, a system moreover subject to highly unpredictable changes. We are to see nature as a dynamic interaction between natural and human forces, between movements and formations. This process of nature's formation has now reached a stage where social and technological processes appear as driving forces on our planet. Society, culture and nature are so tightly intertwined that they can no longer be independently investigated.

Since 2014 the department of *Site-Specific Art* is led by Paul Petritsch (Six&Petritsch) and aims to think anew the topics in particular by making connections to other disciplines aiming a questioning of place through artistic inquiry and intervention. Taking their own fields of work as a starting point, artists are invited to present their thematic focus through a statement or a contribution at the Pinnwandgalerie accompanying the semester's work. First were Christian Mayer and Claudia Märzendorfer, who designed site-specific posters. Hermann Painitz sees his radical vision *Design for the Leveling of the Alps* as one of the many artificialities man contrives in order to hold his ground in the struggle with nature. His provocative manifesto is reprinted completely for the first time since 1969.

In this process of reorientation, experts are invited on a regular basis to the department's *Round Table*, with the aim of updating the historical concept of landscape within contemporary discourse. To begin this reflection, we have taken a thesis that demands a new definition of the relation between humans and nature, as well as a fundamental revision of our concepts. The lectures of the first symposium are published in this reader.

Cultural and media scholar Gloria Meynen, in her critique of calculability, discusses the *Empire of Calculus* in regards to the world as a closed system. Economist Thomas Malthus's law of population understood the world in terms of its limits—holding that while populations would double every twenty-five years, growth in food production would be linear. Thus he foresaw the emergence of a "black" paradise. Meynen discusses scenarios beyond these narratives and metaphors of the end of the world. Futures after these notions can only be portrayed in fictions that need not correspond to any reality to be "true in practice" and "expedient." We are to decide which narratives we shall cultivate, and which futures we would like to navigate with them.

Biologist and journalist Christian Schwägerl presents in his text topics and impacts of the Anthropocene thesis. Is it the sum of all environmental problems, or more, an expression of a new phase in human and planetary evolution? When did it start? The Anthropocene concept is far from being a fixed mind-set. It rather serves as an eye-opener to the extent that metaphysical and physical borders between culture and nature are vanishing. It offers itself as an emergent and diverse exploratory and transformational tool.

Archaeologist Matt Edgeworth addresses the depth of landscapes. Beyond the surface they have vertical as well as horizontal stratigraphy. The depth to which the material trace of human influence extends is as important as the lateral extent of surface features. All accumulation of material residues of human existence form an anthropogenic layer that he calls the *archaeosphere*. He recalls the work of Viennese geologist Eduard Suess, who pioneered modern stratigraphy and coined the term *biosphere*.

Heather Davis considers three layers of plastic: its geology, aesthetics, and biological futurity. Plastic is one material that scientists are currently considering as a *golden spike* for the Anthropocene. For it easily disperses but does not go away or biodegrade, constituting a new kind of geologic layer on earth, a *geontology* as it literally becomes rock. By existing outside the time frame of the biological binary of life and death, while plastic forecloses certain kinds of life, it is birthing others. Plastic is the anthropogenic substrate of a whole new ecology, termed the *plastisphere*. Instead of running from these toxic and infertile futures, Davies asks what we might learn if we began to embrace the nonfilial queer progeny of plastic.

Gabriele Mackert*
Cosmic Depths So Close
Why Contemporary Art Metabolizes the Anthropocene

* Gabriele Mackert, writer and curator, teaches at the University of Applied Arts Vienna. She wrote her doctoral thesis on Marcel Broodthaers's open letters and was curator at Kunsthalle Wien before directing the Gesellschaft für Aktuelle Kunst (GAK) in Bremen (2005–08). Solo shows of art by Ulf Aminde, Marcel Broodthaers (with S. Folie, cat.), Alice Creischer (cat.), Simon Lewis (cat.), Santiago Sierra (cat.), Yinka Shonibare (cat.), Ana Torfs (cat.), and others. Thematic exhibitions (selection): *Attack! Kunst und Krieg in den Zeiten der Medien* (with T. Miessgang, cat.), *A Lucky Strike: Kunst findet Stadt* (with H. Griese, cat.), *Bin beschäftigt* (cat.), *Wisdom of Nature* (Nagoya City Arts Museum, cat.). Co-organizer, with Winfried Pauleit and Viktor Kittlausz, of the symposium *Blind Date. Zeitgenossenschaft als Herausforderung* (Bremen, 2007) and coeditor of the proceedings.

The Anthropocene is more than just a cumbrous term that causes a furor outside natural-science circles. It goes beyond the debates at the International Commission on Stratigraphy (ICS) about expanding the estimated more than 4.5-billion-year geochronology with a new, eponymous geologic era. The Anthropocene is, not least, one of the new triggers in the art world. In 2000, when Paul Crutzen, at the time director of the Max Planck Institute for Chemistry in Mainz, picked up the idea, which had been circulating for quite a while,[1] its time had come. The Anthropocene, as a fast sell, put a lot of people on the spot. The chair of the Anthropocene Working Group (AWG), Jan Zalasiewicz, admitted frankly, "People were using the 'Anthropocene' as if it were a real geological term—without inverted commas, without any sense of irony. We had to do something about it. People do not understand the very slow geological time scale on which we work."[2] Added to that is the question of whether the Anthropocene is even useful for stratigraphy. Geology classifies its analyses in million-year steps. The modern era's *Big Acceleration* undermines this periodization. In Deep Time,[3] in the endless expanse, the Anthropocene is but a recent blink of the eye.

The Anthropocene concept is intended to show that human intervention not only has local effects on the immediate environment but also changes global and long-term planetary metabolic processes and energy flows. It is meant to clarify the fact that humans have become a geologic factor. From this perspective, many findings, but also natural phenomena, tend to be perceived as catastrophes. Inspired by environmental movements, the thesis has evolved into a worldview and a call to protect the earth system.[4] After all, the Anthropocene has to do with everything. Or rather, everything that amounts to our world. In an era of volcanic eruptions, meteorites, and continental shifts, we are suddenly no longer *me* and *you* and *us*, but instead, the destructive, egocentric species *Homo sapiens*, which, through its lifestyle, is shortsightedly depredating the basis of its own existence.

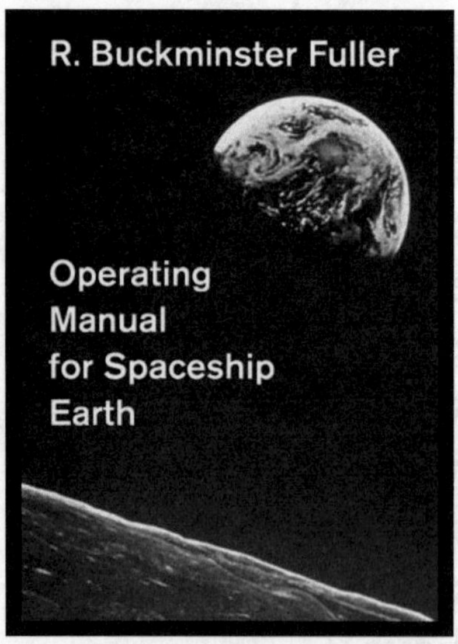

1   R. Buckminster Fuller, *Operating Manual for Spaceship Earth* (1968), Zurich 2000

When *we* finally landed on the moon in 1969, and pictures circulated of the earth from the perspective of outer space, the ingenious R. Buckminster Fuller not only disparagingly rendered our blue planet as an unparalleled cosmic vehicle, but also delegated us, as *machinists*, the responsibility of learning through self-reflection: "I would say that designed into this Spaceship Earth's total wealth was a big safety factor which allowed man to be very ignorant for a long time until he had amassed enough experiences from which to extract progressively the system of generalized principles governing the increases of energy managing advantages over environment. The designed omission of the instruction book on how to operate and maintain Spaceship Earth and its complex life-supporting and regenerating systems has forced man to discover retrospectively just what his most important forward capabilities are. His intellect had to discover itself. Intellect in turn had to compound the facts of his experience."[5] Jürgen Renn, historian of science, has updated this approach—"Science has become, in any case, a medium through which societies of a globalized world reflect upon themselves"[6]—and postulates that the Anthropocene is a process that must contemplate itself. The question is how an overview can be produced. In order to react, as a system, to the fraying of its specialization, science must reflect on itself on all levels, at all times. The creation of canons and standards was, for its part, based on that.[7]

[1]   On the history and discussion of the concept, beginning in the eighteenth century, see Reinhold Leinfelder, "Anthropozän—die Diskussion: Begriffsherkunft, Weltbild, Herausforderungen," SciLogBlog, January 21, 2013, http://scilogs.de/der-anthropozaeniker/anthropoz-n-die-diskussion-begriffsherkunft-weltbild-herausforderungen.

[2]   Michelle Nijhus, "When Did the Human Epoch Begin?" *New Yorker*, March 11, 2015, http://newyorker.com/tech/elements/holocene-anthropocene-human-epoch.

[3]   In the eighteenth century, James Hutton opposed the biblical paradigm of divine creation of the world roughly 7,500 years earlier. He was convinced of the endlessness of the process. "The result, therefore, of our present enquiry is, that we find no vestige of a beginning,—no prospect of an end." James Hutton, "X THEORY of the EARTH; or an INVESTIGATION of the Laws observable in the Composition, Dissolution, and Restoration of Land upon the Globe," *Transactions of the Royal Society of Edinburgh* 1, no. 2 (January 1788): 304.

[4]   See Paul Crutzen, in Christian Schwägerl, "Planet der Menschen," *Zeit Wissen*, February 18, 2014.

[5]   R. Buckminster Fuller, *Operating Manual for Spaceship Earth* (Carbondale: Southern Illinois University Press, 1968), 18.

[6]   Jürgen Renn and Malcolm D. Hyman, "Survey: The Globalization of Modern Science," in *The Globalization of Knowledge in History*, ed. Jürgen Renn (Berlin: Max Planck Research Library for the History and Development of Knowledge, 2012), 501.

[7]   Jürgen Renn, "Warum Luther als guter Katholik anfing," *Brand eins*, no. 6 (June 2008).

As an "enterprise of permanent reorganization," absorption of responsibilities, and dismantling of borders, contemporary art, too, is a catchment basin of decided specialization. After all, it constantly claims and transforms forms of knowledge and action that were long situated beyond its catchment area.[8] Art systematically destabilizes the borders between fiction and reality, art and non-art. It asks: What is art?

Certainly, not least due to this affinity, numerous exhibitions and symposia have taken up the Anthropocene as a theme for art, thereby potentiating its resonance space. The term *Anthropocene*, has meanwhile attained not only normative economic and ecological dimensions but also social and cultural ones. Along with its imaginary aspects, it has become an object of investigation in art. The transdisciplinary challenge of the Anthropocene puts in focus, for the most part, new themes, positions, and artistic practices and models of reception, beyond (post) modern discussions of media, formats, aesthetics, and politics.

For decades, the driving force of fundamental *self-questioning* has proved extremely productive for art, helping it grow ethnological, anthropological, journalistic, and other types of hybrid roots. But it has also driven it to the borders of nothingness, dematerialization. Following the establishment of art's power to declare what art is, around the phenomenon of the readymade, came, for example, the replacement of the object with the creation process itself. Making, (sculptural) action, and working in the studio, in the exhibition space, or elsewhere came into focus. Not only did a possibly emerging product step to the background, but along with the concrete action, the environment, the space, and the relationship to it, as well as the becoming and passing away, were emphasized just as much as the performing subject.

Land art also once strove to be part of concrete, geographic, geologic, climatic, and stellar constellations. It established that natural beauty, in the face of worldwide tourism, wars, nuclear power, and environmental destruction, could no longer be naïvely enjoyed or depicted, and that landscape as an image appeared already entirely played out. The aesthetics of Land art broke with conventions. It did not aim to place objects in a landscape or use them as an attractive background. The idea was to enter and experience them rather than simply view them. With the themes of landscape, nature, and ecology, artists moreover captured open areas close to fields of knowledge in the natural sciences, and did so, in part, in interdisciplinary collaboration outside the reforming art market. While historically, landscape images were integral components of nation and state formation, today, as a political construct, landscape is a spatial order *after* nature and no longer a static object to be preserved; it is intertwined with the city and no longer opposed to it; it is a space of living (survival), movement, and decision rather than merely an aesthetic effect. Nature actually becomes a theme only within the dialectic of this type of civilizational state.

At the same time, contemporary art poses the question of how to address the audience. As a result, beholders not only become a part of the work in the sense of reception-aesthetic approaches but are also increasingly involved within an event, setting, or action. Along with options for action, they are offered a share of performative responsibility. This position is based on strategies of 1960s Conceptual art, which aimed to withdraw from a consumer culture run rampant. Its institutional critique not only began questioning the conditions of art's production and presentation but also developed a kind of creative public relations and education program for the audience. Art was released for use.

Eventually Saving the World

Art is meanwhile indispensible in the social osmosis of political-opinion forming. On the one hand, it is meant to preserve a distance from reality, offset it, while on the other hand, it is not separate from reality. For example, the way *l'art pour l'art* wanted to suppress its contexts and usefulness, or the Dadaists, who no longer accepted borders between art and life, propagating a provocative convergence. Currently, then, it is in vogue to have committed art that not only observes its environment but, through interventions, minimizes the difference from reality. As before, a different way of viewing, approaching, and representing problems is among the privileges but also part of the expectations ascribed to art. And this corresponds, not

[8]   See Tom Holert, *Übergriffe. Zustände und Zuständigkeiten der Gegenwartskunst* (Berlin: Philo Fine Arts, 2014), and Juliane Rebentisch, *Gegenwartskunst zur Einführung* (Hamburg: Junius, 2013).

merely by chance, with the discrepancy of gestures, actions, and effects of our governmental circumstances.

The perceived vacuum of the Anthropocene creates room for simulation, investigation, and also the destabilization of views, habits, and structures. Models flourish of interventionist aesthetics and of the model of the *public intellectual* guiding discourse. They correspond with the image of art as a moral authority of metaphoric communication. As an interface to the construction of realities, art is meant to show visions or at least fictionalize them in a tried-and-true form. Art is allowed, even entitled, to do so precisely because, as a minor part of society, it is not able to overcome social, humanitarian, economic, or ecological crises. In the sense of a projection of delegated action, this can lead to ecological and social viability becoming criteria in the assessment of art. Self-empowerment without explicit assignment or authority is not only socially tolerated but also expected. Many artists do, in fact, take on a number of explosive matters in the name of a more livable or just future. The category of *artivism*, as a form of well-intended but strenuous political advice, is already making the rounds.

Self-appointment generates self-disciplining. Responsibility and rationality have advanced to the most fundamental norms, if not directives, of our action: to willingly live a sensible, inexpensive, healthy, and environmentally sound life. In this way, we are no longer ruled authoritatively from outside, but instead, subtly, from within; we are creative, flexible, innovative, responsible, independent; when necessary, we gladly reinvent ourselves. Self-determined individual action has become a central element of successful social partaking. In the Anthropocene, the ideological has, to a great extent, moreover become individualized: What should I eat? Do I really need new jeans when 8,000 liters of water are wasted to produce them? What does *wasted* actually mean? The Anthropocene is holistic. It is coldhearted. Everything is at stake, everyone is responsible, and no one simply has easy solutions on hand. We all bear responsibility, regardless of whether we drink coffee in a paper cup from Starbucks, eat steak, drive a car, or buy clothes at international textile chains—although in principle we oppose hunger, child labor, sweatshops, CO_2 emissions, garbage heaps, fine particles, and political oppression in the world. Today, we are aware of the consequences of our decisions to a hitherto unknown extent.

As *self-fulfilled* neoliberal *individuals*, we are to *freely*, *creatively*, and *authentically* find our place in the world based on artistic role models. And we must do so. When creative stereotypes are exemplary, a second prototype comes into play: that of committed outsiders whose actions are subversive, dissident, complex, and incalculable. Expected of them is that they reject such *assignments*: resistive practices positioned against instrumentalization that claim autonomy, problematizing representation, power structures, and hegemony, and provoking ambivalences. Radical, playful, theatrical, concrete, defiantly aggressive, and somewhat cocky. That is one of art's paradoxes: it uses its capacities most sustainably when it deploys them vicariously, as a reflective model, and not for concrete accomplishment. This applies first and foremost to its critical potential. In this way, it maintains the balance, stimulates our thinking, doesn't disturb other circles. Its potential for disruption remains manageable.

Oceanic and Apocalyptic Sensations

The world is not sinking all at once; it is going under in every nook and cranny. Not today and not tomorrow, but it seems as though our end is sealed. Nowadays, crisis has become the economy's permanent situation; demise, the world's normal state. No one can escape from ecological debates anymore. With climate change and its entourage we have the extinction of mankind in sight. As Georg Seeßlen claims, "When we try to put together the puzzle of our media images and narrative, there is no story."[9]

Art, in particular, is entrusted with making the Anthropocene visible, tangible, and alive. Since the modern era, artists have, after all, been reliably reacting, commenting, and visualizing as seismographs (and are, as usual, sensitively or provocatively committed), taking up themes, and associatively linking information and contexts. And, indeed, doing so when these themes appear. By incorporating what is current, contemporary art keeps the zeitgeist alive. For that reason, it is of key interest to diverse

[9]   Georg Seeßlen, "Der Weltuntergang als Direktübertragung," http://getidan.de/gesellschaft/georg_seesslen/64854/der-weltuntergang-als-direktuebertragung.

seekers of meaning from different social groups: "Fine art is re-cognized as a site and practice of maximum sensitization for political and social crises and all artistic production is measured by its proximity to these crises. The greater the catastrophe, the more art is challenged to react adequately to it."[10]

Art is conceded a certain nonscientific nature. It does not have to constantly differentiate between fact and fake, but, instead, is able to provide utopian as well as dystopian reactions to the unpredictability of the consequences of our use of the planet, to react with manifestos, farming, and selective urban gardening, with documentaries or concrete neighborhood projects. Joseph Beuys[11] impressively unfurled this potential decades ago. The bio-, socio-, and techno-spheric conditions of the Anthropocene are not examined primarily from the perspectives of art history, visual culture, and media studies. The Anthropocene is, instead, broken down and interlinked: ecological issues can be pursued at the level of city, work, social justice, production, trade, or, for example, immigration; or based on these discourses. Every bit of news is a potential starting point for a critique of our knowledge, perception, and design of the environment. Artists react to the climate crisis with topographic studies, experimental documentary films, and fictional narratives without a clear sense of chronology. Film time is layered like geologic "layers of history." (Visual) montages are conceived as analytic instruments for visual knowledge and become performative.

Many exhibitions suddenly attract the interest of science freaks and nerds. The conglomeration brings together quantum information theory, archaeology, biology with all of its specialties from genetics to molecular transitions to chemistry through to botany, atmospheric physics, the study of the biosphere, computer science, gender studies, sociology, natural law, neurology, and geo-ecology. We find ourselves confronted by lab installations that purport to simulate the splitting of oxygen from carbon dioxide, and adaptive ecosystems including organisms optimally adapted to environmental pollution. But artists also make themselves the guinea pigs, in ways more concrete and richly metaphoric than have been seen for a long time. For example, in 2005, under the title *Autoxylopyrocycloboros* ("self-consuming wood-fire loop"), Simon Starling sunk himself on the boat *Dignity*, which had been rescued from the depths of Loch Long and restored. The boat was run by a steam engine:

the planks of the little ship were used as fuel—until it sprung
a leak and went under again.

Artists document, collect, archive, and, last but not least,
inform us about our environment. Amy Balkin initiated an
absurd *public smog* park in the atmosphere, with fluctuating
location and scale, but designated for public use—the lower
and upper park are currently closed, according to its website—
and was highly attentive in navigating political and legal authori-
ties as well as fund-raising activities. Under the patronage of
UNESCO and the Italian ministry of ecology, Maria Cristina
Finucci publicized the huge plastic agglomeration in the world's
oceans as the 15,915,933-square-kilometer *Garbage Patch State.*

In September 2007, Brooke Singer began a tour to 365
highly toxic sites listed in the US Environmental Protection
Agency's Superfund Program directory. Today, *Superfund365*
is a website also presented at exhibitions and symposia. In addition to photos and information, it features interviews. Singer
considers it a call for action: "Pick a site near you and make a
trip there with your camera. Bring friends, bring the whole family, even bring a picnic. Afterwards, upload your images with
captions along with a longer text description of the site using our
upload page. You will see your images in the gallery at the right
and your description and/or comments in the discussion forum
at the bottom of the site's page. The Superfund365 archive will
be better with your input!"[12] This idea of art as participative information relies on the force of each individual voice. The focus
is on matters such as "enlightenment," "engagement," and
"participation." *Superfund365* demonstrates how central social
systems, (infra)structures, and methods of various sciences
and institutions have become frames of reference.

For many, the Anthropocene heralds a profound and
qualitative paradigm change in science, politics, and law. The
diversity of positions that are able to dock onto the theses of

[10]   Tom Holert, interview with Pascal Jurt, "Man traut
der Kunst vielleicht zu viel zu," *Jungle World*, no. 34
(August 21, 2014).

[11]   Joseph Beuys, *7000 Eichen—Stadtverwaldung statt
Stadtverwaltung*, Kassel, 1982–87.

[12]   Brooke Singer, *Superfund365*, http://archive.turbulence
.org/Works/superfund/about.html.

the Anthropocene, and the willingness of the disciplines to listen
to one another, lends the discussion of artistic research an un-
anticipated boost. Not only does the art business again often offer
an arena for symposia—and artists, of course, sit on podiums—
but some people are already rejoicing over a new renaissance of
the arts and sciences. "In the Renaissance the grand challenges
were addressed by outstanding intellectuals who were unrestricted by academic or guild traditions, by great individuals such
as Leonardo, Kepler, or Galileo. While the historical moment
of such universalist thinkers may have passed, there can nevertheless be little doubt that, at present, we need no less courage
to transgress established boundaries, both on the individual
and institutional levels, to explore the potential of the knowledge resources divided by these boundaries."[13] Along these lines,
Carolyn Christov-Bakargiev not only sensitized a broad public

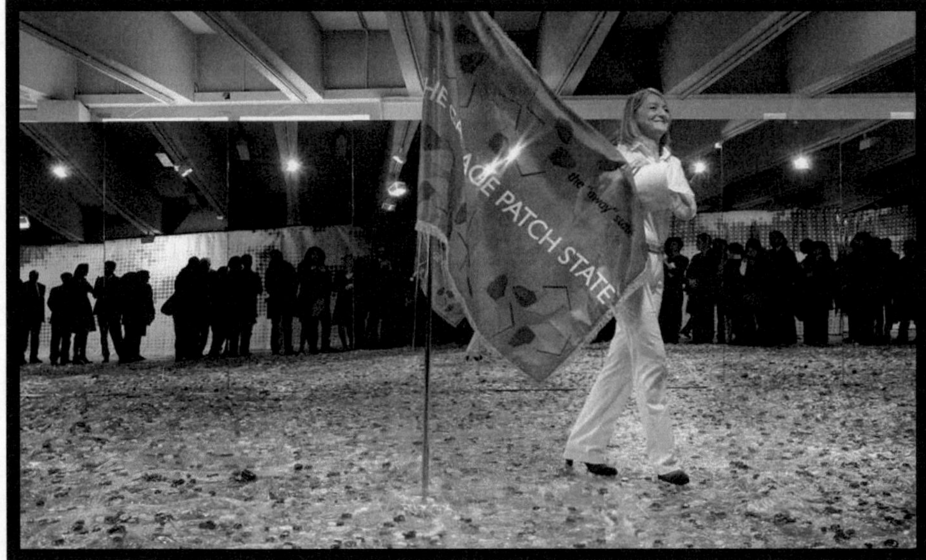

1   Maria Cristina Finucci during the founding ceremony *Garbage Patch State*,
      April, 11, 2013, UNESCO Paris.

to accept natural phenomena as a subject of art with her documenta of 2012 but also argued for a commensurability of scientific and artistic practices of describing the world. In addition to greater proximity to themes from ecology, economics, and technology, art is ascribed more curiosity about what's new in other disciplines, all that is revolutionary and extreme, as well as a greater tolerance for things that are not understandable or, better yet, are unsettling.

The U.S. theorist Timothy Morton's theory of hyperobjects, for instance, seems like science fiction. The magnitude of the things the Anthropocene has made us aware of is at the center of his concept. Global warming and atomic radiation are so huge, real, and permanent that they burst human concepts of time and space. He characterizes his hyperobjects as semifluid, because one can never and nowhere get rid of them. In addition, they are squeezed into time and space, transdimensional, and nonlocal. There is also no distance from which one can observe them. "Yet we always imagined 'world' and 'reality' to be backgrounds to our foreground, neutral like stage sets—or like the distance in a landscape painting. Now we must get used to saying 'We live inside an object.'"[14]

This is the end of our aesthetic idea of the world as a surrounded, aloof, and distant horizon.[15] Our distance from "things" and the distance of the "things" among themselves have changed. However, this distance is important in order to recognize the landscape in the image, as such. For that reason, landscape images are less about land than about scape[16]—the latter is missing. With that, the frame separating viewer and viewed becomes obsolete. The aesthetic effect of distance, which Walter Benjamin identified as aura, is thereby conclusively split open.

The perception of nature as beautiful has a lot to do with why it is not (or no longer) experienced as threatening, but instead, as a site of contemplation or destination of wistful travel.

[13] Renn and Hyman, "Survey," 518.

[14] Timothy Morton, "Zero Landscapes in den Zeiten der Hyperobjekte," *GAM (Graz Architektur Magazin)*, no. 7, "Zero Landscape: Unfolding Active Agencies of Landscape" (2011): 82.

[15] Ibid., 87.

[16] Ibid., 80.

Adorno, for example, realized that this is a highly civilizing process, as then the eternal, the nondomesticated, comes into view for the first time. In the Anthropocene, the uncanny awareness of one's own existence-threatening behavior and dependence creeps over this feeling, which can almost be called cuddly, of having arranged things. We are not the pride of creation, and we are also not *merely* bound in its processes but, instead, not even conceivable without them: simply one among the many effects of evolution. The planet would fare well without us. Morton hints at the dimensions of this interconnectedness and these interdependencies under the keywords *dark ecology*—which is reminiscent of the invisible dark matter hypothesized, based on gravitational effects, as making up five-sixths of the cosmos—and *mesh*. Entirely in the tradition of naturalist theories, he emphasizes mankind as part of the physical order. Morton does not accept the hierarchization of life or its distinction from non-life. Drawing such borders is redundant—from microorganisms, which we host and which belong to our organism, through to our metabolism, up to ribonucleic acid or self-reproducing silicon, from which all life-forms may have emerged, and which is also essential for the construction of computer circuit boards.

The Anthropocene thus leads to new narratives of planetary unity and, at the same time, a fundamental swan song of humanity's sovereignty. The shock of dependence goes astoundingly deep. This contemplation of the interdependencies of activities and cycles has already changed language use. When nature is attributed with *agencies*, more than simply effects, activities, and intentions are generally addressed. For example, when Morton declares: "Nonhuman beings are responsible for the next moment of human history and thinking," or: "It is not simply that humans became aware of nonhumans [...] the reality is that hyperobjects were already here, and slowly but surely we understood what they were already saying. They contacted us."[17]

Added to that is a second loss of control. The technosphere concept attempts to grasp the dimensions of global technologies and structures as well as their interactions, and equates this with the bio-, hydro-, and atmospheres. Meanwhile, how great is the technosphere's momentum, how independent are these digital, social, economic, and political systems? Are we still able to intervene or design in a way that commands control? These questions become pressing, as power no longer appears linked with people and institutions. It is instead in the infrastructures and, indeed, in the type of organization, in the means of allowing them to function, of controlling and building them. An order that they build up and reify bit by bit, building block by building block. Power itself has become environment. It has come undone in the décor. All of the official calls for *environmental protection* are actually about defending power, and not little fish, as the anonymous Invisible Committee criticizes.[18]

In his rhizomatic actor-network theory, Bruno Latour, in turn, treats things that act together with people in action contexts as actors. However, rather than talking about *actors*, borrowing from linguistics he speaks of *actants*. Constructivist models are experiencing a renaissance. Thinking of the world as a process, a network of relations, a dynamic organism, is booming under the key terms radical or speculative realism, and materialism. The human is entangled with others in an ecology of objects, one object among many and not a favored subject.

In addition, for several years now animistic approaches have met with increased interest in philosophy and other areas of the humanities and, as a result, in art. They corroborate the critique of anthropocentrism. For example, in *The Natural Contract*, Michel Serres demands a new philosophical ecology and relationship to nature and advocates for an end to the anthropocentric view of the world.[19] Nonhumans have developed highly sensitive forms of communication and are capable of picking up aesthetic stimuli and creating objects. The times of blind usurpation must come to an end, and coexistence must finally be regulated through respectful rules. Viewing the earth and its biosphere as a living being allows for the burgeoning of initiatives for strengthening the rights of animals, as well as forests and stones.

[17]   Timothy Morton, *Hyperobjects: Philosophy and Ecology after the End of the World* (Minneapolis: University of Minnesota Press, 2013), 201.

[18]   See Invisible Committee, *To Our Friends*, trans. Robert Hurley, https://theanarchistlibrary.org/library/the-invisible-committe-to-our-friends (2014), 28–29.

[19]   Michel Serres, *The Natural Contract*, trans. Elizabeth MacArthur and William Paulson (Ann Arbor: University of Michigan Press, 1995).

This radical object orientation does not stop at art and its distinct interest in the material. Nonetheless, rather than placing it loftily in the exhibition space, it should be used to problematize the relationship between artistic object and viewing subject.[20] Moving into focus are therefore techniques and technologies that humans have cultivated over millennia to artificially expand their sphere of influence and, hence, their world. Exemplary of these are posthuman visions of domesticated nature and a technical creatureliness, which in their uncertainty, dialectic, and dynamics, do not stop at beholders and their body images. Synthetic, organic, manmade, or naturally arising, mutated or cultivated animal and plant species and types form hybrid compilations. Eccentric materials increase this effect: plastic, acrylics, epoxy, rubber, silicone or latex, LEDs, glass, sand, street trash, water, earth, oil, milk, hair, blood, wood, aluminum, rare earths, concrete, minerals, amber, and fossils refer specifically to chemical, biological, and physical processes and our emotional reactions to them.

In 2012, Pierre Huyghe had a Podenco Canario dog named Human wander through Kassel's Karlsaue Park with a queer pink-colored leg. In a clearing in the compost grounds of the Baroque landscape park, the artist additionally placed the sculpture of a reclining female nude, with her head surrounded by a bee colony. Thousands of insects replace the human mind, as it were. Swarm intelligence. All around, a psycho-garden of poisonous, intoxicating plants, which when ingested can suspend common perceptions of self and the world—and an uprooted tree from Beuys's *7000 Eichen* ensemble. Huyghe's *Untilled* arrangement has been characterized as a nonhierarchical compilation. It does something, but there is no plan or order for how or what should happen. We are meant to watch how things are eaten, digested, expelled, and then rot, how *Untilled*, the noncultivated, unpredictably transforms. Somewhere between beautiful and monstrous, reality, theater, and museum.

Huyghe presents plants, animals, and sculptures, at times aesthetically minimized, with equal attentiveness, or, rather, indifference. He lets hermit crabs move into a replica of Constantin Brâncuşi's *La Muse endormie* (*Sleeping Muse*, 1910). Spiders and ants seize gallery spaces. Things crawl, hum, and bark. But this has nothing to do with a naïve love of animals. Instead, it is about what connects people and animals. In 2008, he installed a hazy phantasm of lost paradise in the Sydney Opera House, a twentieth-century architectural icon. Rather than an installation reminiscent of a bourgeois winter garden, as Marcel Broodthaers would have done, he planted a jungle in the temple of high culture. Huyghe clouded over the scenario. Twilight prevailed for an entire day and night. No distinction between stage and audience. It smelled, tasted, and sounded more intense; nature defined the rhythm. This Other was set in a collision course with our own self-awareness. In this way, new bridges were built between art and life, from *art as life* and *life as art*, and exhibitions declared habitats of sorts or nature's hosts. We require no-knowledge zones, without scripts, in which things have no names, as Huyghe states.

In *Grosse Fatigue*, Camille Henrot interlaces information from archives, books, and labs into an image frenzy. Her history of the universe fits onto a computer screen and explains itself with the click of a mouse. For months, she searched through the collections of the Smithsonian Institution in Washington, DC, for prehistoric and evolutionary finds. She underscored these prepared, preserved, catalogued, and cosmic items with primal myths and pulsating hip-hop, and a text compilation of diverse Indian, Buddhist, Islamic, and Jewish creation myths by the U.S. poet Jacob Bromberg: "In the beginning there was no earth, no water—nothing. There was a single hill called Nunne Chaha. In the beginning everything was dead. In the beginning there was nothing; nothing at all. No light, no life, no movement, no breath. In the beginning there was an immense unit of energy. In the beginning there was nothing but shadow and only darkness and water and the great god Bumba. In the beginning were quantum fluctuations."

By the time the AWG announces its recommendations, the Anthropocene will have renewed numerous ideas of the apocalypse and expanded ideas related to paradoxes: one

[20]   Tom Trevatt, in Rahma Khazam, "Art in Crisis: Three Interviews About the Rise of Objecthood," *Springerin* 13, no. 1 (January 2013), http://springerin.at/dyn/heft.php?id=79&pos=1&textid=2698&lang=en.

exhibition, for example, focused on understanding the present day as a developing fossil[21]—nothing other than a demand to turn around time, to think of existence starting from the end, awareness in the mode of that which has been, seclusion without a future. For Jean-Luc Nancy, the nuclear disasters at Fukushima, the Japanese nuclear power plant, are symbolic of uncontrolled reciprocal effects and the collapse of future visions, which forces us to work on different futures.[22] This leads to the question of what *thinking* and *acting* are still capable of accomplishing today. In this, Nancy relies on sensuousness and also on art as an *attitude of sensing*. The positive aspect of sensual experience is its openness and interminability. That it always strives onward.

Deep Time.

[21]   Kathryn Yusoff, "'Future Fossils' Exhibition by Beth
       Greenhough, Jamie Lorimer and Kathryn Yusoff,"
       http://societyandspace.com/2015/08/28/future-fossils-
       greenhough-lorimer-yusoff.
[22]   Jean-Luc Nancy, *After Fukushima: The Equivalence of
       Catastrophes*, trans. Charlotte Mandell (New York:
       Fordham University Press, 2014).

Christian Schwägerl*
The Humanized Earth
How the Anthropocene Is Changing Perspectives on Nature, Culture, and Technology**

* Christian Schwägerl is a Berlin-based biologist, journalist, and writer. After many years as a correspondent for Frankfurter Allgemeine Zeitung and *Der Spiegel*, he freelances for *Geo*, *Cicero*, *Die Zeit*'s science magazine, *Cicero*, *FAZ*, and *Yale E360*. Author of *Menschenzeit* (2010, English version: *The Anthropocene*, 2014), *11 drohende Kriege: Künftige Konflikte um Technologien, Rohstoffe, Territorien und Nahrung* (with Andreas Rinke, 2012), and *Die analoge Revolution* (2014). He was a co-initiator and board member of the *Anthropocene Project* at Haus der Kulturen der Welt, Berlin (2013–14) and was co-curator of the special exhibition *Welcome to the Anthropocene* at the Deutsches Museum, Munich (2014–2016). Since 2014 he has led the Robert Bosch Foundation's master class on the "Future of Science Journalism." christianschwaegerl.com.
** With the collaboration of Reinhold Leinfelder, Berlin

The earth has been through numerous pervasive changes—when life itself first came into being; when the oxygen produced by cyanobacteria started accumulating in the atmosphere; when multicellular organisms evolved and spread onto dry land. With each of these events, our planet reached a completely new level of complexity, potential, and interconnectedness. In the nineteenth century in the Western calendar, the earth entered into another phase of far-reaching transformation. We might call it the planet's *anthropofication*: *Homo sapiens*, whose existence as a separate species is a recent phenomenon, is proving exceptionally "fit" in the sense of Darwinian evolution.

Humans are equipped with a large brain capable of consciousness, a rich social life, the faculty of speech, and hands whose special anatomy allows for the skillful manipulation of objects; they show versatile emotions ranging from altruism to extreme aggression and are outstanding generalists in terms of lifestyle, which enables them to adapt to a wide range of habitats, from the tropics to the Arctic zone and from the sea to the high mountains. All in all, the human species was bound for success. Not only is the global human population growing rapidly, to now 7.5 billion and a forecast 10 to 11 billion in 2100, but humans are exerting mounting influence on ever more geologic, biological, chemical, and physical processes that hitherto occurred independently of individual, social, economic, and political decision-making processes. A colossal reorganization of physical matter is under way, starting with humanity's own body weight and the weight of the livestock and crops humans cultivate, and encompassing also the roughly ten tons of raw materials per capita being processed every year for technical devices, buildings, and other hallmarks of civilization.

The anthropofication of the earth extends far beyond the widely discussed issue of climate change. It includes the creation of cultured animal and plant varieties, the proliferation of new geologic artifacts in the form of cities, the penetration of even remote regions such as the deep seas and the atmosphere with synthetic chemicals, the construction of tunnel and road systems totaling hundreds of thousands of miles, the production of technical implements that will endure as *technofossils*, the transfer of species across continents, and the growth of the nuclear and chemical disposal sites scattered around the world—they, too, are a novel geologic reality.

In 2000, the biologist Eugene Stoermer and the atmospheric chemist Paul J. Crutzen, writing in a newsletter of the International Geosphere-Biosphere Programme, summed up all these processes in a single term: Anthropocene. The ongoing changes, they argued, were not only global in impact and enormously powerful; more important, their effects were so sustained that they justified formally classifying the present as a new epoch in the vast timescale of geology. The *Holocene*, which began only just under twelve thousand years ago, at the end of the last ice age, has given way to another era whose proposed name designates the *new* (*-cene*, from the Greek *kainos*) brought into the world by man (*anthropos*). Sometime in 2016, an international committee of scientists known as the Anthropocene Working Group will vote on the proposal; if it is approved, the human race, with the endorsement of natural science, will attain a new formal role in the earth system: the role of the systems changer—a force that does not merely scratch the world's surface but fundamentally and lastingly alters planetary processes.

The latest numbers illustrate how realistic the Anthropocene hypothesis is from the perspective of geologists. Even today, only one-quarter of the earth's ice-free land surface remains wholly or largely untouched by human influence. We mostly live not in *biomes*, or natural habitats, but in *anthromes* (Erle Ellis), or man-made cultural landscapes. Through agriculture and construction, man now moves sediments and rocks at almost thirty times the past 500 million years' average natural displacement rate. He redesigns entire watersheds and causes inland seas such as Lake Aral to dry up. Tens of thousands of man-made reservoir dams capture the sediment freight of the rivers so that only a small fraction of the total reaches the sea, resulting in retreating river deltas and rapidly rising sea levels in the affected areas. Meanwhile, plastic particles are becoming a new type of sediment. In some regions of the Pacific Ocean, they outnumber natural plankton particles by fifty to one; fish confuse them with plankton and ingest them.

Humanity now uses half of the earth's continually available freshwater for one purpose or another, massively altering flow patterns. Another way in which we remold the planet's geology is our use of raw materials for industrial production. Aluminum, rare earths, phosphate, and many other substances are extracted from concentrated deposits and redistributed on a global scale through the disposal of electrical waste and mining spoil. Even more significant in quantitative terms are the gas emissions that result from the extraction and combustion of fossil fuels and from industrialized agriculture: the concentration of carbon dioxide in the atmosphere is higher than it has been in many millions of years, and anthropogenic emissions of nitric oxide and sulfur dioxide now exceed those from natural sources. Much of the CO_2 will stay in the atmosphere for a very long time, so even if we stopped burning fossil oil, natural gas, and coal right away, it would take as long as ten thousand years for carbon concentrations to return to preindustrial levels.

The extinction of animal species during the Pleistocene, several tens of thousands of years ago, is increasingly turning out to have been a mere prelude to a much more severe event: the rate at which animal and plant species are currently going extinct is many times higher than the past average. At the same time, humans are boosting biological diversity by adding their own creations, species bred to serve their needs, and, through global shipping and mobility, helping numerous species spread from their original ranges to new habitats around the world. The laboratories of bioengineers are the birthplaces of an unceasing stream of new life-forms, from genetically modified crops to bacteria carrying synthetic genomes. Human activity is massively altering the composition of ecological communities and, in the long run, even the fossil record of the future. The *blind*, or purposeless, evolution of the past is complemented by a *directed* evolution that reflects human desiderata such as a meat-rich diet as well as human incompetence, as in the emergence of resistant bacteria and viruses. Like these changes to the course of evolution, the signature radionuclides released by nuclear weapon tests and accidents at nuclear power plants have effects that build over long periods.

Between 2000 and 2012 alone, deforestation cleared an area measuring 685 by 685 miles, mostly to make room for soy and oil palm plantations. CO_2 emissions reached a new all-time high of 36 billion tons in 2013. If we keep going on this trajectory, researchers predict that the earth will warm by several degrees centigrade within this century. A total of 80 billion tons of materials, ten tons per capita, are extracted from mines all over the world, processed, and then shipped around the globe to keep the economy running. Urbanization is steadily eating up land, especially in Asia and Africa. The German Energy Agency reports that half of today's built-up area in China was developed after 2000. According to a United Nations forecast, these cities and towns will take up an area the size of Australia in a few decades.

Assuming that current trends—growing world population, growing use of resources—continue, human activity will change the face of the earth even more profoundly than it already has. Coined to sum up these observations, Stoermer and Crutzen's *Anthropocene* encapsulates a shift of perspectives that effectively turns the environmental debate on its head. Scientists now discuss various candidates for the official start of the new geologic epoch: The late eighteenth century, when the steam engine was invented? The year 1945, when numerous nuclear bombs were detonated and plastic began to spread around the globe? Or perhaps as early as the seventeenth century, when the genocide of North America's indigenous peoples at the hands of Europeans led to the growth of so much new forest that the global atmospheric concentration of CO_2 decreased and the planet's temperature fell slightly?

Such minutiae are important. They focus our attention on the fact that the idea of the Anthropocene is first and foremost a scientific hypothesis. It states that changes initiated by man are already manifesting themselves in visible geologic phenomena and are lasting enough to be assigned a place on the timescale of the history of the earth. Yet the Anthropocene may also be interpreted as the emergence of a new, larger perspective on mankind's role on earth, a perspective that is being defined in an open, collective process.

The Anthropocene Idea: From Environment to Enweronment.

Numerous initiatives have sprung up in several countries to study cultural and scientific aspects of the Anthropocene, including the *Anthropocene Project* (2012–14), a collaboration between Haus der Kulturen der Welt, Berlin; the Max Planck Society and Deutsches Museum, Munich; and the IASS (Institute for Advanced Sustainability Studies), Potsdam, as well as the special exhibition *Welcome to the Anthropocene*, which opened at Deutsches Museum in December 2014. The fairly rapid migration of the Anthropocene idea from geology into the cultural discourse attests to its considerable potential. More than merely a description for a state of affairs or a convenient shorthand for the sum of all ecological problems, it represents a new kind of "process that reflects on itself," as the historian of science Jürgen Renn has put it.

The Anthropocene highlights a rift that runs through the history of ideas. For a long time, the Western cultural tradition drew a fairly sharp distinction between nature and culture, as well as between the living beings of biology and the inanimate objects of technical making. To this day, these dualisms inform humans' perceptions of themselves and the world. In the past, the nature–culture distinction tended to serve to set *superior* human activities apart from *inferior* nature, whereas today, the division between nature and culture is also articulated as an inverse value hierarchy, as when putatively *unspoiled* wildernesses are described as possessing higher ecological value than urban areas.

In the past several decades, however, these old boundaries have begun to fade. From climate change to synthetic biology, the earth's face is increasingly defined by phenomena in which the spheres of nature, culture, and technology are fused in novel ways. Man has been harnessing and altering the earth system ever since he emerged as a biological species around 250,000 years ago. During various ice ages and interglacial periods in the Pleistocene, *Homo sapiens* was so effective as a hunter that he killed off several species, including the woolly rhinoceros and the megaloceros. After the last ice age, in the Holocene, the human race began its rapid ascent as a major force in the earth system. Humans developed agriculture and animal husbandry, built cities and traffic infrastructures, engaged in trade. They began to modify flows of physical materials and, in some regions, fundamentally reshaped their environments, as in the large-scale deforestation of areas along the shores of the Mediterranean and the cultivation of wide swaths of land for food production.

Since the dawn of the industrial age, which is to say, in the past two and a half centuries, the effects of human action have not only become global but have also gained unprecedented momentum and now effect extremely long-lasting changes to—indeed, a reorganization of—the entire earth system.

In the early twentieth century, the Jesuit philosopher Teilhard de Chardin (1881–1955) and the Russian geologist Vladimir Vernadsky (1863–1945) pioneered the reflection on the cultural ramifications of the new anthropogenic geology of the earth. De Chardin and Vernadsky spoke of the *noosphere*, the sphere of communication and knowledge, as a new element on a par with the geosphere and the biosphere. They emphasized the enormous power humanity was gaining to shape the earth of the future, raising the question: What does it mean that we are leaving the Holocene behind and will from now on live in the age of man?

Discussions of the Anthropocene sometimes make it sound as though the idea of a new geologic epoch were merely a modish umbrella term for all sorts of things we regard as *ecological concerns*—the sum of all environmental outrages. We have become used to reports that paint vivid pictures of imminent disaster, and are tempted to avert our eyes in frustration. In this perspective, the Anthropocene would be something we need to avoid at all costs. Today's environmental protection efforts might be interpreted as an attempt to stay in the Holocene.

Yet this narrow view of the Anthropocene blinds us to mankind's phenomenal cultural, technological, and even ecological achievements. Agriculture, urbanization, medicine, and science may be problematic in many ways and liable to precipitate crises, but over the centuries, they have also exemplified humanity's extremely positive ability to shape its living environment and transform the earth. The world is full of technological feats such as bridges, satellites, computers, the Internet; the arts and other creative pursuits are in the middle of an unimagined efflorescence. Cultural landscapes, from the restored natural floodplain along the river Isar to the rice paddies of Asia, are expressions of man's horticultural abilities. The biodiversity of such cultural landscapes often surpasses that of areas less subject to human influence. Network infrastructures that connect people around the world facilitate a constant exchange of knowledge and experiences, though processes of collective learning and deliberation struggle against the dark forces of surveillance by intelligence agencies and the threat of total commercialization.

The Anthropocene offers a framework for debates over the possible future course such open-ended processes may take—and ultimately over which course we want them to take. It opens up a new, non-dualistic perspective on the world, but it is not a self-contained worldview, not a philosophy. It directs our attention to what earlier comprehensive worldviews (such as animism with its belief in spirits, the deterministic creation of a divine maker, the optimistic faith in technological progress of the industrial era, but also the Holocene conservatism of classic environmental protection efforts) have accomplished and where they fell short. With its staying power and overwhelming geologic magnitude, the Anthropocene—as a linear concept of time, it is itself bound up with the Western scientific idea of progress—illuminates the narrowness of modern capitalism, which needs mere seconds to shift billions around in ways that have direct consequences for ecosystems but has no conception of the value of what we might call *ecosystem services*. Considered in these terms, capitalism appears as a hysterical and inherently shortsighted construct that lacks any awareness of the resources on which its life depends.

The core insight of the Anthropocene proposal is that humans do not exist in isolation from an alien environment around them that their activities disrupt. On the contrary, they are—more evidently and more importantly than ever before—part of that environment, which should thus perhaps be called the *enweronment*. At the same time, the proposal places man on the long scale of the history of the earth, paving the way for a vision that rises above today's exclusive focus on the short term. In that sense, the idea of the Anthropocene may help us overcome the dualism of (good) nature versus (evil) mankind with its technology and culture; it may make us see nature-culture-technology-society as a—no doubt highly complex—system defined by the interaction of new functional and ontological ensembles. It implies that every one of us, and not just those with access to the halls of formal power, has immense clout, and hence the responsibility to become actively involved in this *enweronment*, to help shape and use it in appropriate ways.

The Anthropocene Concept: Advantages and Challenges.

The Anthropocene is not an abstraction; it is woven into the everyday life of every human being—and every future human being. That is why it is more important than ever to be sensitive to the ways in which our own actions (and inactions) interact with the earth system. Consumerism or its rejection and limitations on personal consumption are major concerns when mass demand drives the rapid proliferation of new products from the development laboratories of electronics companies or crop breeders, producing millions or billions of specimens in very little time. It is a question of new priorities for economic decisions and new status symbols, which may well include the ability to forgo consumption, and most importantly of the awareness that a global society is made up of local societies and individuals. Local action in the framework of a global ethos—that would be the lofty aim for a sustainable organization of the future Anthropocene with a responsible view to the long term. A sensible guiding idea, we might say, would be that the Anthropocene should not be a geologic event comparable to a meteorite impact or a climate disruption but a long-lasting geologic epoch.

Critics have rightly addressed many questions to the proponents of the Anthropocene idea: Do we have enough evidence concerning the geology of the future to justify such a major change in the scientific nomenclature? Might the word be misused to impose a sort of global shared liability for problems such as climate change that have actually been caused by a minority, the residents of the capitalist West? And does the idea imply an overly narrow focus on man, exacerbating our widespread anthropocentrism?

In the wrong hands, the concept of the Anthropocene might serve to legitimate our technological megalomania, the positivistic hubris that leads us to believe that we can forecast the future with precision and to bet on simplistic solutions such as geoengineering (the long-term release into the atmosphere of aerosols designed to reflect sunlight in order to reduce the warming effect of solar radiation and lower the global average temperature, a proposed scheme whose systemic effects have not been sufficiently studied).

All these concerns are justified and merit thorough debate. One key to making the idea fruitful for society is to define it as an open-ended creative project in which all humans are interconnected through a wide variety of causal nexuses with the potential for positive as well as negative effects, and hence obliged to take others' needs and wishes and the long-term consquences of their actions into consideration. The Anthropocene is then not merely a description of a physical state of affairs but also an aspiration and a guideline. This more open perspective might prepare the ground for a modern Kantian imperative committing all *anthropoi* to devise a plurality of very different lifestyles that are potentially available to all because every person respects the dignity of all other people, the diversity of cultures, and the lasting integrity of the earth system and its nonhuman members. The Anthropocene in this sense is an argument neither for the indiscriminate embrace of every possible scientific or technological achievement nor for human self-centeredness. Quite the contrary, the Anthropocene may become the arena in which we experiment with the genuine participation of the population in the shaping of the earth and, even more important, with ways to take into comprehensive consideration the vital interests of the millions of other species with which we share the planet and on which we are existentially dependent.

The Anthropocene debate highlights the important role science and technology play while also challenging them, and in more than one way. On the one hand, many of the transformative geologic, chemical, and biological changes happening today are the results of scientific and technological developments. Without the steam engine, humanity could never have extracted and burned fossil fuels in such quantities that more than two trillion additional tons of carbon dioxide ended up in the atmosphere. The Haber-Bosch process, in which atmospheric nitrogen is converted into fertilizer, made modern intensive agriculture possible, and without it most of the humans living today would probably not have been born. Without the vast increase of biological knowledge, there would be no genetically modified plants and animals that have the potential to affect the future trajectory of evolution. On the other hand, science and technology provide the instruments and methods of measurement and analysis that allow us to assess and understand man's growing influence on the earth's development. The numerous satellites orbiting our planet and transmitting real-time images of major climatic and ecological changes are no less part of the Anthropocene. The effort to understand and become aware of the earth system and man's role in it is an integral part of the Anthropocene idea; so are important questions about the sciences as such: Can research on these new phenomena be conducted effectively within the traditional neatly demarcated disciplines and institutions and with the existing funding mechanisms? Does it even still make sense to speak of the pure natural sciences when tomorrow's nature will be profoundly informed by social processes? Must not the social sciences and humanities for their part become much more open to the concerns as well as methodologies of the natural sciences? Do we not need a new kind of inter- and transdisciplinary knowledge generation—the Anthropocene sciences? And given its crucial role in the future development of the earth, must not science as a whole open its laboratories and lecture halls to participatory processes?

One of the most promising aspects of the Anthropocene idea is that by promoting the deep integration of man into nature, it may help us overcome an economic system that has hitherto ignored nature as an *externality*. In the new world of the Anthropocene, the inside-outside distinction has disappeared. Humans are not an external force disrupting an otherwise natural system; on the contrary, it is precisely because of their many interventions into the environment that they are an active part of the earth system. What we used to call nature thus undergoes a provocative and not unproblematic reinterpretation: nature is recast as the green infrastructure, and ultimately also the green safety system, of human civilization. On an urbanized planet, the Amazon is effectively the earth's Central Park. Wild animals such as orangutans and tigers, being dependent on our management for their survival, become domestic animals of a sort. Marshlands and rain forests, in this perspective, are CO_2 storage systems; polar areas are air-conditioning units; glaciers are freshwater reserves; mangrove forests and coral reefs are the infrastructure of coastal protection.

Conversely, what we used to call culture turns out to be a quasi-natural component of the biosphere. In Anthropocene logic, the many tens of thousands of villages and cities are ecosystems in their own right no less than the fields between them, and like rain forests or marshlands, these ecosystems will in the future need to function as a new kind of nature. Our machines, by the same token, are residents of the earth and need to find their place in its metabolism.

Nature and culture, living beings and technical objects, organic structures and those that came into being on a drawing board: in the Anthropocene, they form novel hybrids and amalgamates that we need to recognize as such and study so that we can take them into consideration in social decision-making processes. It remains to be seen whether the Anthropocene idea will help us overcome the dualist rift—nature over here, culture over there. It would be no small accomplishment if the diagnosis of the present moment it proposes would prod us to recognize our comprehensive responsibility for the earth of the future—on all scales, from individual consumer choices to the far-reaching strategic priorities of politicians and managers. If Anthropocene thinking promotes the insight that there is no *out* in *just throwing it out* and that our well-being as humans is inextricably interwoven with the well-being of animals and plants, that would be significant progress.

Gloria Meynen*
Black Paradises
A Journey to the Ends of the World

* Gloria Meynen is a scholar of cultural and media. She studied German literature and philosophy in Cologne, Bonn, Bochum, Konstanz, and Berlin and, in 2004, completed her doctoral dissertation on the cultural history of the surface under the supervision of Friedrich Kittler and Thomas Macho at Humboldt University, Berlin. Between 2004 and 2011, she was a researcher and lecturer at Humboldt University, Berlin; Eikones, University of Basel; ETH Zurich; and the Zurich University of the Arts (ZHdK). In 2011, she was appointed chair of media theory and cultural history at Zeppelin University, Friedrichshafen. In 2014, she cofounded the Office for Useful Fictions with Bitten Stetter and Katharina Tietze (ZHdK). She has written on the media theory of technical images, the cultural and media history of moon landings, and the theory and history of islands and globalization.

Climate modeling, satellite imaging, digital surveillance, and surveying technologies—these instruments do not merely produce pictures of the world. They are part of a digital cosmogony that re-creates the world out of digital earth models. "Earth modeling rapidly inverts the empirical tradition of science," John Palmesino and Ann-Sofi Rönnskog write, as we now move "from experimentation and measurement [...] to theory, and from there, go on to modeling and computation. The abstract computational model becomes the object of study, and through it, the object of planning."[1] *Empire of Calculus*, Palmesino and Rönnskog's label for the current dispensation, was also the title of an exhibition the two organized together with Armin Linke and Anselm Franke and presented at Berlin's Haus der Kulturen der Welt in 2013. Self-referential models have supplanted indexical maps. The ascendancy of cartographic fiction is not a new observation. As Max Eckert, a student of Friedrich Ratzel, emphasized, "geography and cartography operate with fictions to a higher degree than is generally acknowledged and even employ concepts we recognize, in a theoretical perspective, to be fallacious; still, we continue to use them because they are 'true' in practice, which is to say, expedient and indispensable."[2] Eckert distinguishes between induction, deduction, and fiction in geography to gauge the distances between cartographic image and territory. "Geographic induction" is his term for the practice of geodesists and cartographers in the field. Topographic maps promise their reader an unbroken connection to the measuring points in the terrain. Geographic deduction, by contrast, uses the map itself as the basis for new geodesic measurements, without the geographer actually setting foot in the terrain. Cartographic fiction, finally, comes into being when statistics are compiled and averages calculated. Alexander von Humboldt's lines of equal temperature, for example, are visualizations of artifacts that correspond to no feature in the field. They are data visualization in its infancy: images that do not need to match any geographic territory.

Before Zero

The *Empire of Calculus* is closely associated with the beginnings of mathematical cartography. Its era dawns with the discovery of the New World. When Christopher Columbus went ashore in America and, a little later, Ferdinand Magellan rounded the Cape of Storms to begin his circumnavigation of the world, their operations on the high seas sketched the broad outlines of the *Empire of Calculus* by inaugurating the union of pilot (*kybernetes*), instrument maker, and mapmaker. Yet its true discovery had already taken place when they put out to sea. It is likely that Magellan, by fortunate happenstance, was able to consult Martin Behaim's *Earth Apple* (ca. 1492/93). The first globe's spherical shape inspired him to try to sail around the earth— and instilled the certainty in him that it could be done.[3] Although it was all but useless as a navigational tool, it was the first representation to show the world in a global—if distorted— perspective. Magellan's sense of possibility was spurred less by the observation of nature than by the application of a technical device. Behaim's *Earth Apple* stands as an intuitive

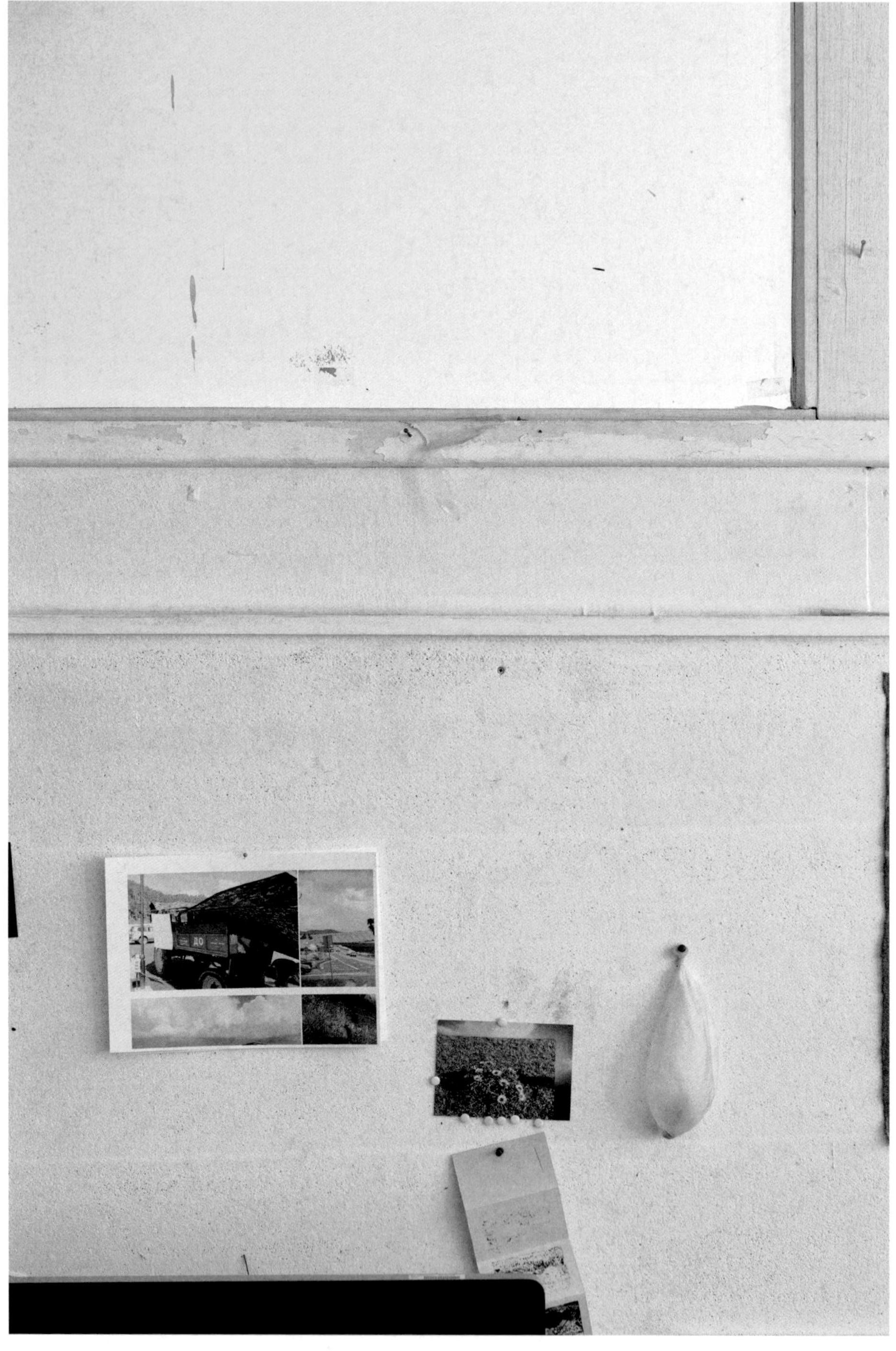

Claudia Märzendorfer
Vom Lift aus begangen liegt alles im Parterre, 2015[*]

[*] 22 Fotografien à 120 x 80 cm, fotografiert, geplottet, perforiert, zu einem Plakatblock
verleimt und in Form von zwei Abrißblöcken direkt nebeneinander an die Wand genagelt.
Temporäre Installation; © Bildrecht, Wien, 2016; Dank an Roland Krauss
Pinnwandgalerie der Abteilung Ortsbezogene Kunst, WS 2015/16

Eine Geschichte von horizontalen und vertikalen 1:1-Verhältnissen.

Auf jedem Plakatblock ist eine S/W-Fotografie – 1:1 zur Realität – worauf
die Wand ist, die direkt dahinter liegt. Und dahinter: die Wand, die direkt
hinter der Wand ist, und dahinter die Wand, die direkt dahinter und gegenüber der Wand ist, und dahinter die, die direkt hinter der Wand dahinter
ist, und dann die, die genau gegenüber ist von der Wand dahinter, und dann
dahinter die Wand, die direkt hinter der Wand ist, und dahinter die, die
direkt dahinter und gegenüber ist von der Wand, die hinter der Wand ist
und genau hinter der Wand, die dahinter ist. Direkt hinter der Wand, und
dann dahinter die Wand, die genau gegenüber ist, und dann die dahinter
(zumindest im Zustand von Mitte Mai 2015) … bis zur Wand, an der die
letzte Wand in der Abfolge der Wände der Abteilung für Ortsbezogene
Kunst an die der Architekturklassenwand grenzt.

Direkt daneben ein 2. Block mit einer 1:1 zur Realität plakatgroßen
S/W-Fotografie der Wand dahinter (solange sie niemand abreißt) und der
Wand von daneben an der Wand, die direkt dahinter an der Wand ist, dann
dahinter die Wand dahinter (solange sie niemand abreißt) und daneben,
auch auf dem Foto daneben, ist die Wand, die die Wand daneben ist (solange sie niemand abreißt), und dann dahinter die Wand gegenüber und
daneben (solange sie niemand abreißt), und dann die Wand, die direkt
hinter der Wand dahinter ist (solange sie niemand abreißt) und daneben
die Wand daneben (solange sie niemand abreißt), und dann die, die genau
gegenüber ist von der Wand dahinter (solange sie niemand abreißt), und
dann dahinter die Wand die direkt hinter der Wand ist, und dahinter die,
die direkt dahinter und gegenüber ist von der Wand, die hinter der Wand
ist und daneben, und genau dahinter die Wand, die dahinter ist (solange
sie keiner abreißt), direkt dahinter die Wand und dann dahinter die Wand,
die genau gegenüber ist (solange sie keiner abreißt) und dann die dahinter
(solange sie keiner abreißt), und danach die Wand hinter der Wand neben
der Wand (zumindest in dem Zustand von Mitte Mai 2015) … bis zur Wand,
an der die letzte Wand in der Abfolge der Wände der Abteilung für Ortsbezogene Kunst an die der Architekturklassenwand grenzt.

After having grown there for some twenty years, one of these palms
was sold by its owner to the Southern Pacific Railroad in 1888.

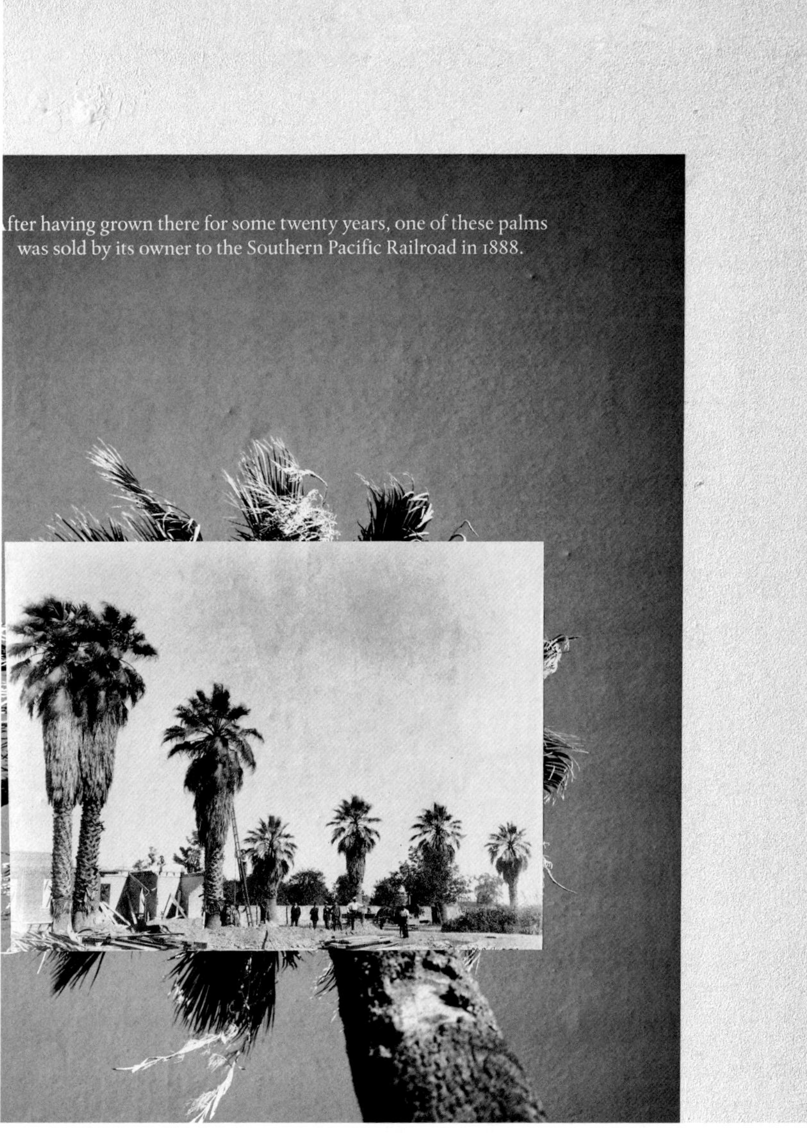

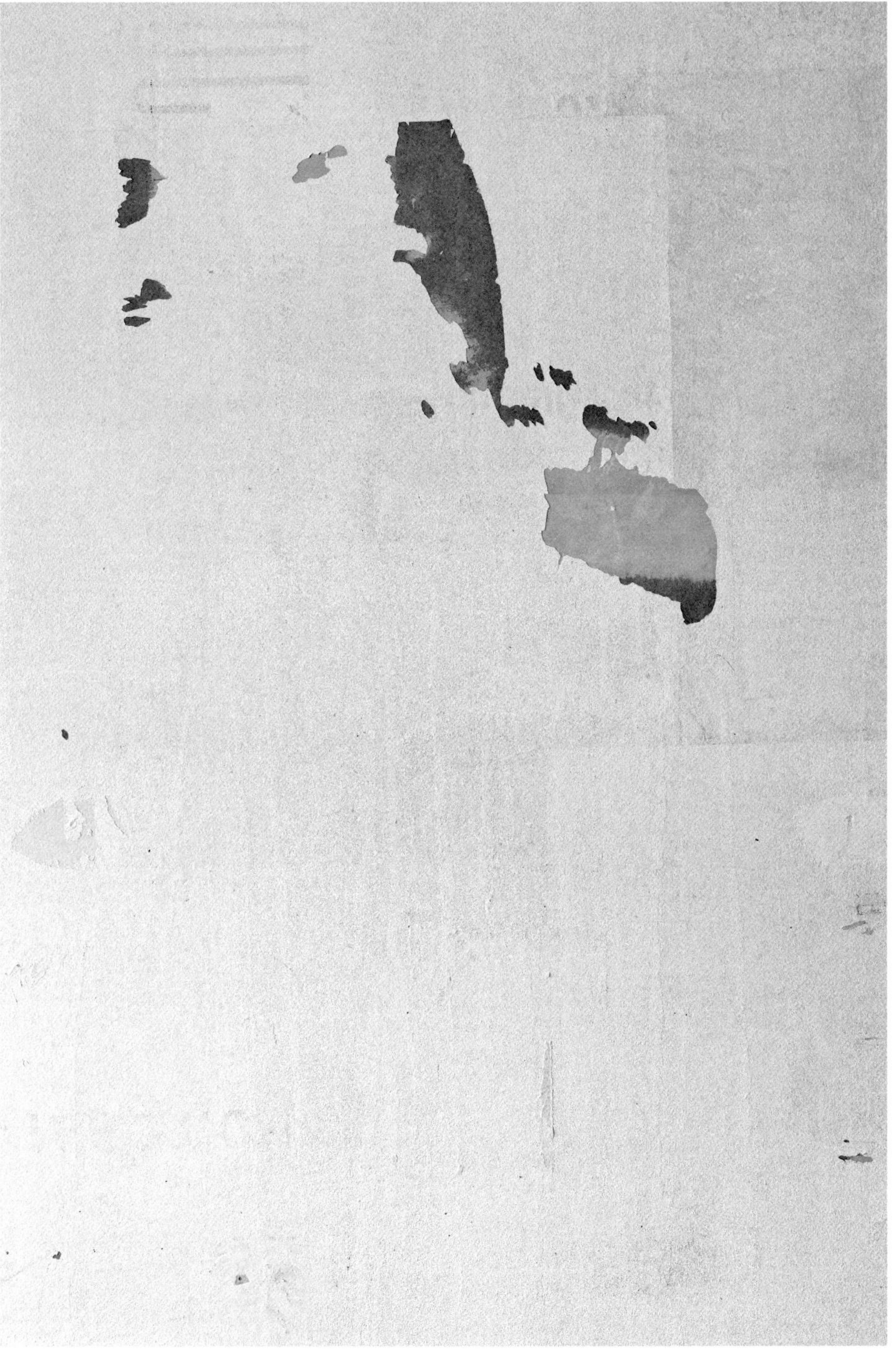

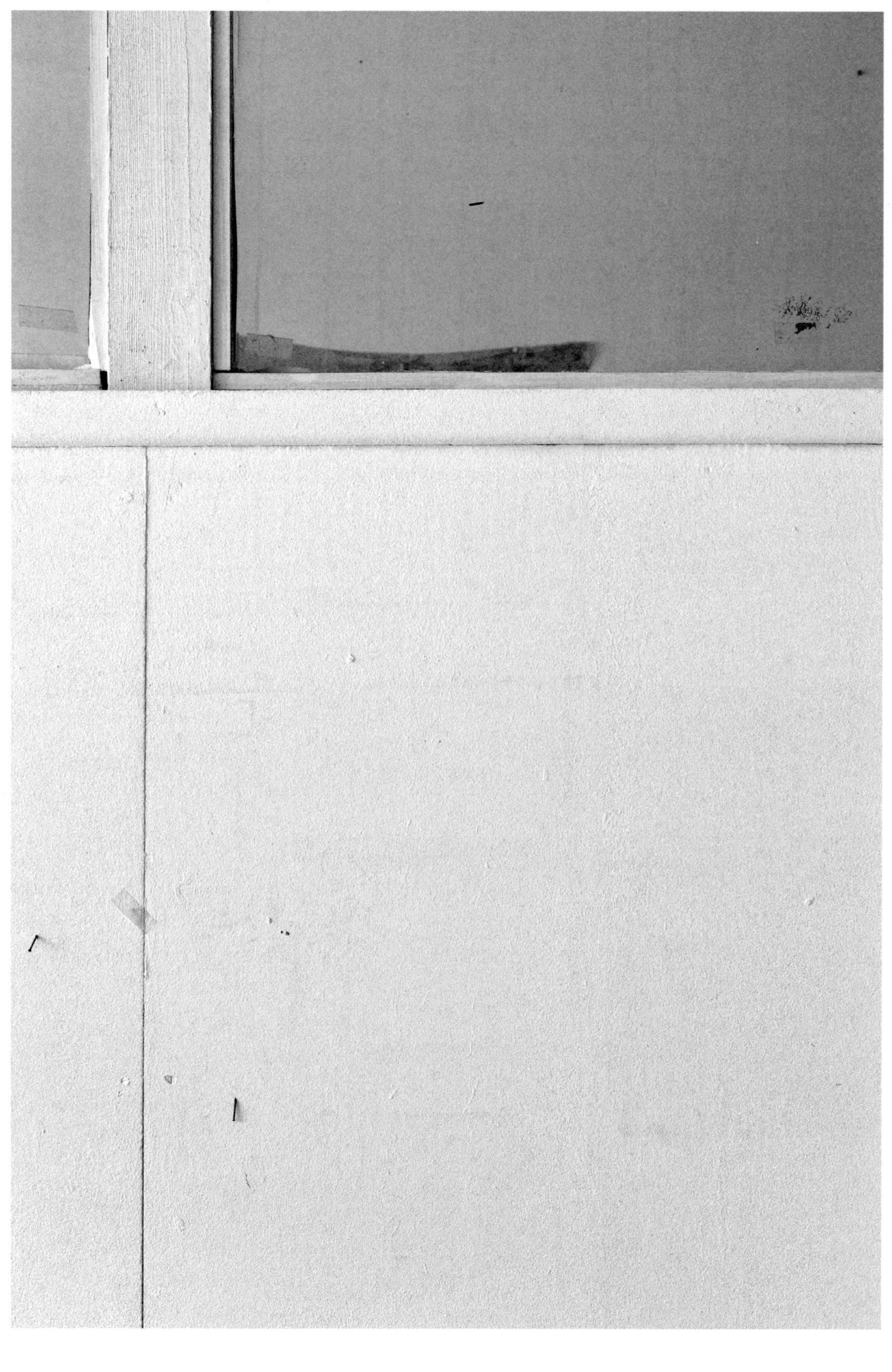

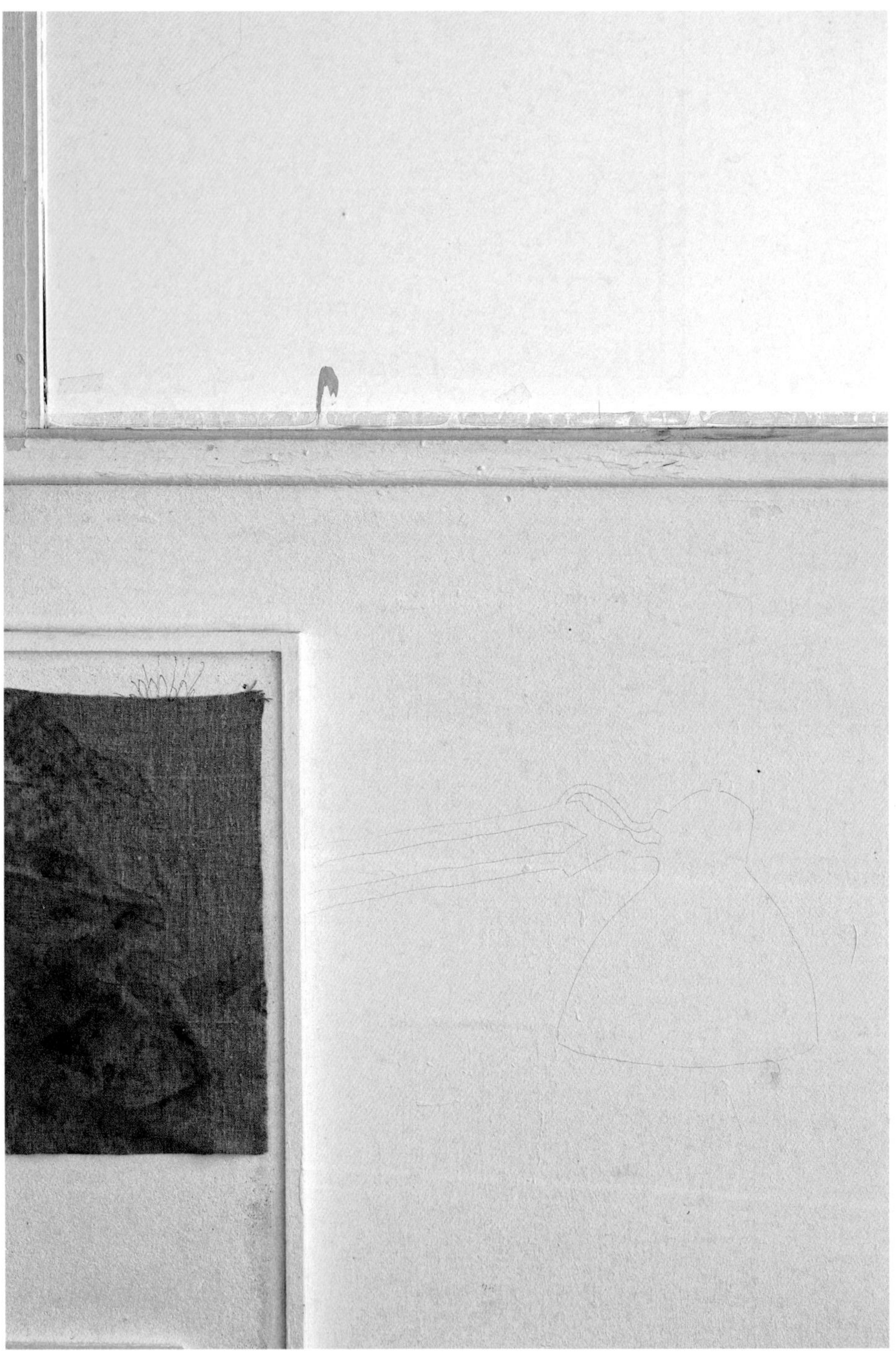

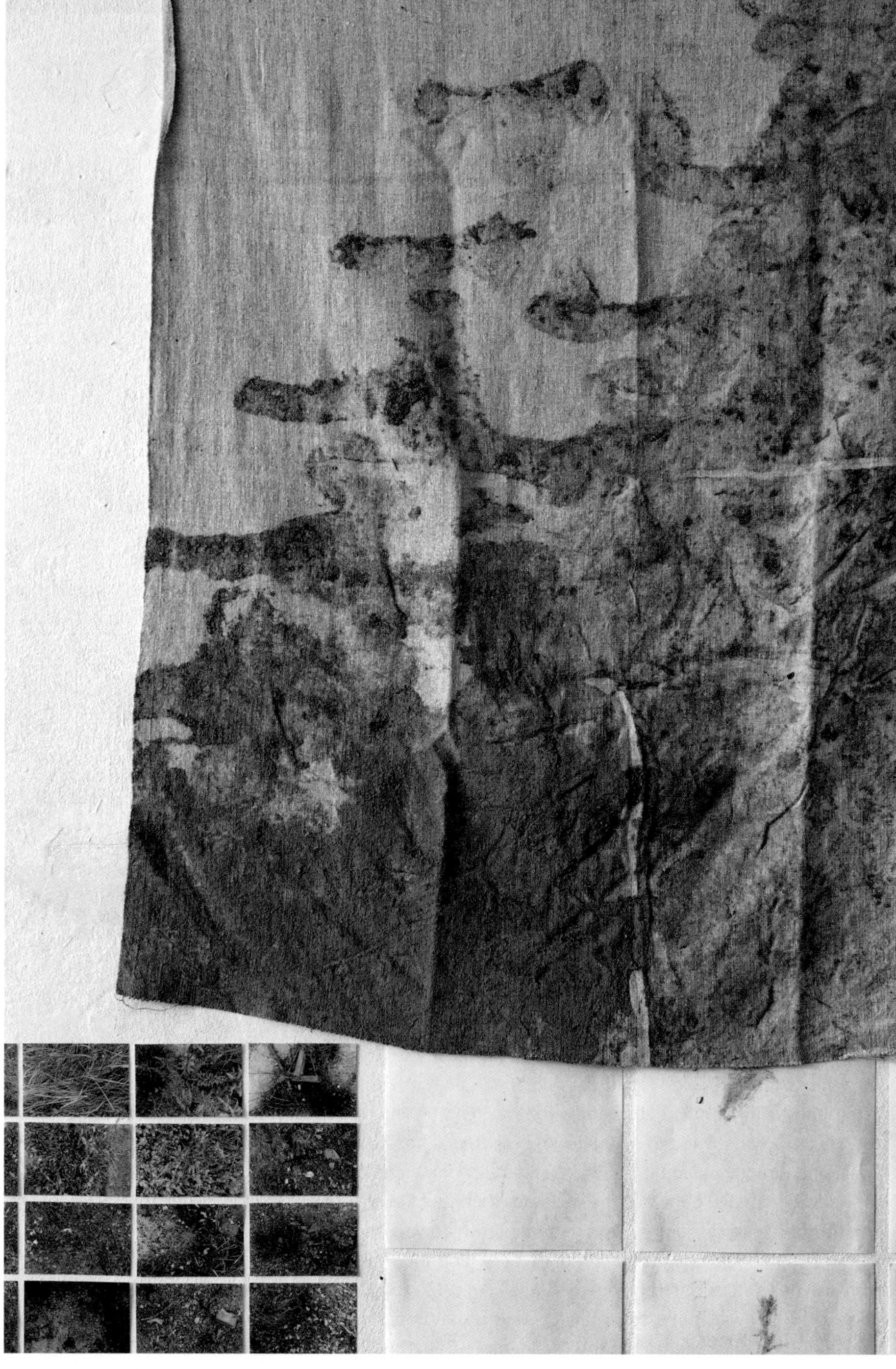

Claudia Märzendorfer
Entered from the elevator, everything is located on the ground floor, 2015[*]

*   22 photographs, 120 x 80 cm each, perforated, glued together to make a poster
block, directly nailed onto the wall; temporary installation; © Bildrecht, Vienna, 2016
Thanks to Roland Krauss; Pinnwandgalerie at the Department of Site-Specific Art,
winter semester 2015/16

A story of horizontal and vertical 1:1 relations

Each poster pad shows a black-and-white photograph — in a 1:1 relation
to reality — of the wall that is directly behind it. And behind: the wall
that is directly behind the wall, and behind the wall that is directly behind
and opposite the wall, and behind the wall that is directly behind the wall
behind, and then the wall that is exactly opposite the wall behind, and
behind, then, the wall that is directly behind the wall, and behind the wall
that is directly behind and opposite the wall that is behind the wall and
exactly behind the wall that is behind. Directly behind the wall and behind,
then, the wall that is exactly opposite and then the wall behind (at least
as it was in mid-May 2015) … to the wall where the last wall in the
sequence of walls of the Department of Site-Related Art adjoins the wall
of the Architecture Department.

Directly next to it a second pad with a poster-filling, 1:1-sized black-
and-white photograph of the wall behind (as long as no one tears it off/
down) and beside the wall directly behind and directly beside, behind it,
then, the wall behind (as long as no one tears it off/down), and beside it,
also on the photo beside, the wall that is the wall beside (as long as no one
tears it off/down), and behind, then, the wall opposite and beside (as long
as no one tears it off/down), and then the wall that is directly behind the
wall behind (as long as no one tears it off/down), and beside it the wall beside (as long as no one tears it off/down), and then the wall that is exactly
opposite the wall behind (as long as no one tears it off/down); and behind,
then, the wall that is directly behind the wall, and behind, then, the wall
that is directly behind and opposite the wall that is behind and beside the
wall, and directly behind it the wall behind (as long as no one tears it
off/down), directly behind it the wall and, then, behind it the wall that is
exactly opposite (as long as no one tears it off/down), and then the one
behind (as long as no one tears it off/down), and then the wall behind
the wall beside the wall (at least as it was in mid-May 2015) … to the wall
where the last wall in the sequence of walls of the Department of Site-
Related Art adjoins the wall of the Architecture Department.

demonstration of how routines on paper make the planning and calculation of routes in space possible.

One map that was never printed is an early witness to this new practice. The mapmaker Diogo Ribeiro learned his craft on the sea.[4] In 1502, 1504, and 1509, he served as a captain in the fleets of Vasco da Gama, Lopo Soares, and Afonso de Albuquerque; in 1518, he calculated the course for Magellan's voyage, and later prepared Esteban Gómez for his expedition to the coast of Florida in search of an elusive strait that would provide a faster route to the Indonesian Moluccas. Between 1525 and 1529, he produced four vellum maps on which he outlined his routes with an expert draftsman's hand.[5] Ribeiro placed China at the far edge of his map—the cartographer's eye had merely skimmed the country; a few dashed lines hint at a coast. His sketch of the Red Sea is no more thorough—the body of water bleeds into the desert of the Arabian Peninsula. The mapmaker's attention is focused elsewhere, on a single line: with one bold stroke of his pen, Ribeiro has divided the world into two halves. To the right of this line, the map shows Europe in great detail. Africa is represented by a continuous coastline running down to the Cape of Good Hope. Farther left, however, no more than a few dashes and compass roses dot the animal skin. The right-hand half records the world as it had been discovered and conquered by the end of the fifteenth century. The left half, by contrast, is virtually empty. Like an accountant, Ribeiro seems to draw up a balance of *terra cognita* versus *terra incognita*. The center of his map is taken up by a boundary that traces the outlines of the New World. "Land discovered by Esteban Gómez at the behest of His Majesty in 1525," he writes next to it. He has penned but

[1]   John Palmesino and Ann-Sofi Rönnskog (Territorial Agency), "Plan the Planet," in *The Whole Earth: California and the Disappearances of the Outside*, ed. Diedrich Diederichsen and Anselm Franke, exh. cat., Haus der Kulturen der Welt (Berlin: Sternberg, 2013), 86.

[2]   Max Eckert, *Die Kartenwissenschaft. Forschungen und Grundlagen zu einer Kartographie als Wissenschaft*, vol. 1 (Berlin and Leipzig: W. de Gruyter, 1921), 13.

[3]   See Jerry Brotton, *A History of the World in Twelve Maps* (London: Penguin, 2012), 194.

[4]   For Ribeiro's life, see ibid., 202.

[5]   Starting in 1525, Ribeiro produced a series of world maps, starting with the so-called Castiglione map in the Archivo Conti Castiglioni di Mantova. A later map dated 1529 bears the inscription "Carta Universal En que Se contiene todo lo que del mondo Se ha descubierto fasta agora: Hizola Diego Ribero cosmographo de Su magestad: Año de 1529 en Sevilla. La qual Se devide en dos partes conforme A la capitulcion que hizieron los catholicos Reyes de españa, y El Rey don Juan de portugal en tordesillas: Año de 1494."

the first page of the book of discoveries. The void in Ribeiro's map is indicative. The world, it seems, insistently awaits exploration and conquest. It is boundless. The register of discoveries must be added to, as the continent-size navigational instruments—an astrolabe and a quadrant—with which Ribeiro has filled the blank spaces on his map suggest. In these four nearly empty sheets of vellum crisscrossed by a few lines and scattered navigational instruments, the contours of the *Empire of Calculus* begin to emerge.

Zero Hour

The bounds of the world we so sorely miss in Ribeiro's map are drawn in the latter half of the eighteenth century. Between 1772 and 1775, James Cook, on his second voyage to the Pacific Ocean, steered his ship, the *Resolution*, toward the last remaining major blank spots. Having scoured the Pacific without success until late 1774, he spent another two months circling the South Pole at around sixty degrees but still "had no other signs of land than seeing a Seal and a few Penguins,"[6] as he noted in his log on January 12, 1775. Seals populated the end of the habitable word: "I had now made the circuit of the Southern Ocean in a high latitude, and traversed it in such a manner as to leave not the least room for the possibility of there being a continent, unless near the pole, and out of the reach of navigation."[7] By February 21, he had exhausted his possibilities and concluded that "the lands which may lie to the south will never be explored."[8] He had penetrated the region where, for two centuries, cartographers had hypothesized an undiscovered continent to exist, and encountered nothing but vast wastes of ocean with "thick fogs, snow-storms, intense cold."[9] Cook had reached the edges of Ribeiro's maps. But the world he discovered was far from unbounded. In his log, he drew a thick white band of ice, fog, and snow along the bottom edge of the map. This frozen line marked a boundary. As the last blank spots gradually vanished from the world maps, the white horizon came into view. Where the world had been open to Columbus, Gómez, and Ribeiro, the explorers of the late eighteenth century increasingly encountered insurmountable barriers.

Only twenty-two years after Cook's voyage, the word "limit" makes its debut in political economics. In the writings of the economist Thomas Malthus, it is at the heart of an arithmetic of birth and death rates. In a two-volume treatise published in 1798, Malthus establishes a law of population to calculate the limits of the earth. The planet's population, he is convinced, doubles every twenty-five years, while its food supply grows at a constant rate. "It is evident," he writes, "that the variation in different states between the food and the numbers supported by it is restricted to a limit beyond which it cannot pass."[10] This limit may be calculated by superimposing the exponential growth of the population on the linear growth of food production. England and Scotland, which are Malthus's primary concern, are an island—the prototype of a limited world. If the population were to double every twenty-five years, he writes, it would "in a few centuries [...] make every acre of land in the island like a garden."[11] He goes on to apply the same supposition to the whole world—yet there is a signal difference: Great Britain can reduce its population through emigration, but there is no escape from the world.[12] Once the entire earth has been cultivated and transformed into a garden, if the doubling of the population at regular intervals continues, we, like Cook before us, will reach the limits of our world. No nuclear catastrophe and no deluge—paradise and its cultivation wreck the earth's equilibrium. The world of the Anthropocene is limited. It is an island, a garden, a black paradise from which there is neither expulsion nor emigration.

As Cook and Malthus discover the earth's limits on the high seas and on paper, a new science emerges that is propelled by a multiplicity of new instruments and begins to make the planet's limitations the subject of its calculations: hydrology. It revolves around the concept of climate—a word whose very root indicates that there is no natural state. Humboldt writes:

[6]   James Cook, *The Voyages of Captain James Cook*, vol. 1 (London: W. Smith, 1846), 566.

[7]   Ibid., 576.

[8]   Ibid., 573.

[9]   Ibid.

[10] Thomas Robert Malthus, *An Essay on the Principle of Population, or A View of Its Past and Present Effects on Human Happiness, with An Inquiry into Our Prospects Respecting the Future Removal or Mitigation of the Evils Which It Occasions*, 6th ed., vol. 1 (London: John Murray, 1826), 532.

[11] Ibid., 9.

[12] Ibid., 11.

"The word climate in its most general sense comprises all changes in the atmosphere that perceptibly affect our organs."[13] Among the climate variables he mentions are temperature, air pressure, winds, air purity, electrostatic charges in the atmosphere, the number of sunshine hours, and many more. Yet the word as he uses it designates not just a physical parameter but a relation, the weather's influence on "man's sensations and entire mental disposition." In connection with the latter, Humboldt uses a peculiar turn of phrase: "changing the climate,"[14] by which he means the cultivation of fields, meadows, and forests. By introducing the concept of climate, Humboldt effectively models the earth on a greenhouse. Observing the dynamic interactions between the ocean of air and the ocean of land, he is the first to treat the planet as a closed system. In Herder's *Ideas for a Philosophy of the History of Mankind*, man's making the weather similarly figures as part of an unwritten cultural history: "We may consider mankind, therefore, as a band of bold little giants, gradually descending from the mountains, to conquer the earth and change climates with their feeble hands. How far they are capable of going in this respect only the future will reveal."[15] In envisioning a man-made climate, Herder hints at the inception of the Anthropocene. Its root feature is the industrialization of nature. One well-known date for its onset, proposed by the chemist and Nobel Prize winner Paul Crutzen, is the latter part of the eighteenth century, when the atmospheric concentrations of CO_2 and methane started rising, as Arctic soil samples show. Crutzen also mentions Watt's steam engine.[16] Humboldt already speculates, in his *View of Nature*, that the warming of the climate in the Philadelphia region between 1778 and 1824 was caused by the emissions of numerous steam engines, in addition to the growth of the city and its population.[17] He probably saw his first steam engine while in training in the mines of Freiberg. In June 1790, Humboldt travels to Soho near Birmingham to inspect Matthew Boulton and James Watt's factory. His encounter with the first steam engine that produces buttons and coins on an industrial scale[18] sparks a lasting fascination with these mechanically breathing giants. Steam engines real and imaginary are everywhere along his forays into the new continent's interior. Traveling the rivers of South America, he envisions "magazines of cleft wood [...], as on the banks of the great rivers of the United States," to fire them.[19] In his mind, he already cruises the

Orinoco estuary on a steamship. He dreams of steam engines in the mines of the Cordilleras—though this dream will remain unfulfilled because the bare mountain ridges provide no firewood.[20] The traces of incipient industrialization are visible even in the deep interior of unexplored continents. The climate and earth sciences begin their ascent as nature in the proper sense vanishes. The new geo- and environmental sciences are a branch of cultural studies.

The Anthropocene's zero hour ends a mere century later. Around 1909, the global view of the earth has prevailed. The political implications are impossible to miss. With military brevity, *geopolitics* designates global practices of planning and decision-making. The space in which geopolitics is invented, the space in which the world's finitude is the basis of its calculations, is a resonance and echo chamber, as the British geographer Halford Mackinder observes: "Every explosion of social forces [...] will be sharply re-echoed from the far side of the globe."[21] The echo metaphor is inspired by the eruption of the volcano on the island of Krakatoa, which begins at 10:02 a.m. on August 27, 1883, with an explosion so violent its report is heard as far as two thousand miles away.[22] For days afterward, a wall of dust and ash several tens of feet tall engulfs the Sunda Strait. Forty thousand people die. The eruption is so massive that the dust cloud travels around the world for five years. A committee convened by the Royal Society in January 1884 surveys the

[13] Alexander von Humboldt, *Central-Asien. Untersuchungen über die Gebirgsketten und die vergleichende Klimatologie*, vol. 2, trans. and ed. Wilhelm Mahlmann (Berlin: Carl J. Klemann, 1844), 76.

[14] Ibid., 77.

[15] Gottfried Herder, selections from *Ideas for a Philosophy of the History of Mankind*, in *Herder on Social and Political Culture*, trans. and ed. F. M. Barnard (Cambridge, UK: Cambridge University Press, 1969), 291.

[16] See Paul J. Crutzen, "Geology of Mankind," *Nature* 415, no. 23 (2002): 23.

[17] Alexander von Humboldt, *Views of Nature, or Contemplations of the Sublime Phenomena of Creation, with Scientific Illustrations*, trans. E. C. Otté and H. G. Bohn (London: Henry G. Bohn, 1872), 103.

[18] See Ludwig Uhlig and Georg Forster, *Lebensabenteuer eines gelehrten Weltbürgers (1754–1794)* (Göttingen: Vandenhoeck & Ruprecht, 2004), 257.

[19] Alexander von Humboldt, *Personal Narrative of Travels to the Equinoctial Regions of America During the Years 1799–1804*, vol. 2, trans. Thomasina Ross (London: Bell & Daldy, 1871), 513.

[20] Alexander von Humboldt, *Political Essay on the Kingdom of New Spain [...] with Physical Sections and Maps: Founded on Astronomical Observations, and Trigonometrical and Barometrical Measurements*, vol. 3, trans. John Black (London: Longman, Hurst, Rees, Orme, and Brown, 1811), 243.

[21] Halford Mackinder, "The Geographical Pivot of History," *Geographical Journal* 23 (1904): 422.

[22] See *The Eruption of Krakatoa and Subsequent Phenomena: Report of the Krakatoa Committee of the Royal Society*, ed. George J. Symons (London: Trubner, 1888), 81.

trajectory of the dust particles. In addition to information from almost a hundred meteorological stations, the scientists compile newspaper clippings, logbook entries, diaries, paintings, seashells, pumice samples, and petrified skulls. Witnesses all over the world report stinging sulfur fumes and strange mirages. They observe discolored sunsets, unusually bright pre-dawn and post-sunset glows, and a moon stained green or pale blue. Beyond such particulars, what their accounts attest to is an event of truly global dimensions. "The circular wave or oscillation [...] propagated itself over the entire surface of the globe until it reached the antipodes of the volcano [...] it was thence reflected back or reproduced, travelling backwards to its point of origin, from which it again returned [...] in this manner the occurrence of the wave was observed no fewer than seven times."[23]

Mackinder focuses on the echo; he is interested in the feedback mechanism. His conclusion from the Royal Society's report: "Every shock, every disaster or superfluity, is now felt even to the antipodes, and may indeed return from the antipodes, as the air waves from the eruption of the volcano Krakatoa. [...] Every deed of humanity will henceforth be echoed and re-echoed in like manner round the world."[24] Mackinder's theory of universal resonance would be meaningless in an unbounded world. Ribeiro's and Mercator's world was virtually empty and without polar limits. As the nineteenth century comes to a close, there are no blank spots left. "The book of the pioneers has been closed," Mackinder writes. The age of discoveries has charted the entire globe, and so "we are [...] for the first time presented with a closed system."[25]

After Zero

In the late eighteenth century, actual knowledge about the earliest history of the world was not yet a concern. Paleontology lacked scientific foundations until Georges Cuvier swore his colleagues to minimum standards. He spoke of different *deposits* and meant the layers in which different species are preserved in a variety of stages of development. Countless cataclysms have revolutionized the earth's surface and fossilized entire plants and animals. Cuvier's accounts of this history have much in common with the Cold War era's worst-case scenarios. He seems to be quoting from a script to a Roland Emmerich movie when he writes: "Existence has [...] been often troubled on this earth by appalling events. Living creatures without number have fallen victims to these catastrophes: some, the inhabitants of dry land, have been swallowed up by a deluge; others, who peopled the depths of the waters, have been cast on land by the sudden receding of the waters, their very race become extinct, and only a few remains left of them in the world, scarcely recognised by the naturalist."[26]

In a contemporary perspective, the resemblance to movie scenarios is striking. Cuvier's metric of scales brings the earth's strata to life; his theory of mutation animates the changes of the species. He dates layers based on the fossil remains they contain. Before this dawn of scientific paleontology, however, the beginnings of the world and the limits of consciousness are the domain of miracle healers, oneiromancers, and cosmographers. Only a few years before Cuvier writes his *Discourse on the Revolutions of the Surface of the Globe*, the knowledge of the bounds of time is heretical secret lore, circulating among initiates and manifesting itself in rituals, customs, miracles, and mysteries. Physicians, priests, and gravediggers have to accept the dates of life's beginnings and ends on faith. A recent tendency in philosophy known as speculative realism has resolved to make the passage across the River Styx. It has purchased a ticket to the world beyond knowledge. In a philosophical essay titled *After Finitude*, Quentin Meillassoux unfolds the implications of contemporary measurement techniques allowing for the dating of objects that antedate all life and consciousness of any kind.[27] Relying on the constant disintegration of radioactive nuclei as well as the laws of thermoluminescence, scientists seek to compute the origin of the universe, the genesis of the earth, the beginnings of life, and the emergence of man. These new quantitative methods have turned the environmental sciences into sciences of our world's outer bounds, dating events that are anterior to any

[23] Francis Henry Hill Guillemard, *Malaysia and the Pacific Archipelagoes, ed. and greatly expanded from Dr. A. R. Wallace's "Australasia"*, vol. 2 (London, E. Stanfod, 1894), 169.

[24] Halford Mackinder, *Democratic Ideals and Reality* (New York: H. Holt, 1919/1942), 29.

[25] Ibid.

[26] Georges Cuvier, *A Discourse on the Revolutions of the Surface of the Globe, and the Changes Thereby Produced in the Animal Kingdom* (Philadelphia: Carey & Lea, 1831), 11.

[27] Quentin Meillassoux, *After Finitude: An Essay on the Necessity of Contingency*, trans. Ray Brassier (London: Bloomsbury, 2008).

culture. Tellingly, as the earliest history of the world comes into
view, so does the dawn of the Anthropocene. Both are quantifi-
able. Processes of radioactive decay indicate the ends of the
world; ice cores from the poles contain the suspended solids of
past atmospheres. The beginnings cast a long shadow into the
future, adumbrating possible endings: "Look around you, at
today's world. Your house, your city. The surrounding land, the
pavement underneath, and the soil hidden below that. Leave
it all in place, but extract the human beings. Wipe us out, and see
what's left," Alan Weisman prods the reader's imagination in
a best seller that grew out of a report from the Chernobyl Exclu-
sion Zone.[28] The new stone age Weisman paints still conforms
to the logic of the nuclear accident. Cataclysms, deluges, ice
ages, and volcanic activities are the ingredients that bring worlds
into being. But they can also give rise, in scenarios and thought
experiments, to the world after the Anthropocene. Weisman's
answer to the question of what is left is radio noise. The human
brain, he writes, constantly emits electric impulses, and they do
not simply vanish: "long after we're gone, unbearably lonely
for the beautiful world from which we so foolishly banished ourselves—we, or our memories, might surf home aboard a cosmic
electromagnetic wave to haunt our beloved Earth."[29]

Weisman does not say who, if anyone, might be there
to pick up these signals when human life has disappeared.
But what if there are no witnesses other than fossil remains?
Meillassoux's reflections are concerned with the past. His term
for fossil remains is *arche-fossil matter*. Yet just as this matter
bears mute witness to the fact that there is a time before us,
it can also point to a future in which all traces of humanity have
vanished. Meillassoux calls the events prior to the genesis of
life *ancestral*. Such ancestral events need no Moses, no stone tab-
lets or consciousness, to produce the record that attests to them.
By contrast, we do not yet have—or, more accurately, we no
longer have—any record of the events after the demise of life. So
what are we talking about when, discussing the Anthropocene,
we envision the possible ends of our world? What are we trying
to date? The Cold War's calculated cataclysmic scenarios bank
on the day after—theirs is an apocalyptic angle of view: survival
seems assured. The scenarios of disastrous climate change,
by contrast, are not so much instructions for action as, rather,
narratives of the unthinkable. Complex numbers expand the

domain of real numbers by letting us take the root of a negative
and calculate with it. Meillassoux's ancestral events expand
the domain of historiography by introducing a name that can stand
for the time before any consciousness. We can neither measure
nor date the events of a future without humans. But we can
portray them in fictions that need not correspond to any reality
to be "true in practice" and "expedient." So which narratives
shall we cultivate, which futures navigate with them? What does
an era after the *Empire of Calculus* look like?

[28]   Alan Weisman, *The World Without Us* (New York:
St. Martin's Press, 2007), 5.
[29]   Ibid., 275.

Matt Edgeworth*
The Ground Beneath Our Feet
Beyond Surface Appearances**

*   Matt Edgeworth is honorary visiting research fellow at the University of Leicester, United
      Kingdom. He directed archaeological investigations in places as far apart as the Orkney
      Islands in Scotland and Carthage in North Africa. In the last ten years he has been project
      officer at Birmingham University, research officer at University of Leicester, senior archaeolo-
      gical investigator at English Heritage, and now works freelance. He has written extensively in
      archaeological theory, with interests largely in areas of overlap with other disciplines. Books
      include *Ethnographies of Archaeological Practice* (2007), and *Fluid Pasts: Archaeology of
      Flow* (2011). He recently edited a forum on "Archaeology in the Anthropocene" for the new
      Journal of Contemporary Archaeology. He is a fellow of the Society of Antiquaries in London,
      and a member of the multidisciplinary Anthropocene Working Group.

There is more to landscapes than surface appearances. Whether in the midst of the countryside or immersed in a city, visible parts of the human landscape shade away into an unseen shadow world of stratigraphic relationships buried below the surface. Landscapes have depth—especially in ancient cities such as Vienna, which are typically elevated on substantial platforms of their own occupation debris. It is as though, over time, urban centers secrete and accumulate layers of buried material residue that serve as the basis on top of which further growth and development can take place. This paper is about that hidden underside to the visible scene, the deeply layered ground beneath our feet.

Taking part in the *Humans Make Nature. Landscapes of the Anthropocene* conference at the Department of Site-Specific Art of the University of Applied Arts, Vienna, was itself a multilayered experience.

Allow me to explain why this was so. The topic of my lecture was the archaeosphere—the set of anthropogenically modified deposits that now cover large parts of the terrestrial surfaces of the earth, and which are growing at accelerating rates today, as recently described in detail.[1] The archaeosphere and its lower bounding surface, Boundary A, are time-transgressive in the sense that they are not all of one date. They cannot therefore provide a globally synchronous date for the start of the Anthropocene. Yet such diachronous deposits provide the crucial stratigraphic evidence on which geologic theories about the start of the Anthropocene must at least partially be based.

Vienna was quite a special place to give the talk, and not just because of the considerable depth of anthropogenic ground beneath the city streets. Most historic cities throughout the world have such deposits, and Vienna is not unusual in that respect. But the city is special because it was here, in the mid-nineteenth century, that accumulation of urban anthropogenic ground first came to the attention of scholars. This was due in large part to the work of the Austrian geologist Eduard Suess in mapping the ground of Vienna. Recognized as one of the greatest geologists, Suess is perhaps most renowned for proposing the former existence of the supercontinent Gondwanaland and for coining the term "biosphere." These and many other geologic breakthroughs by Suess are described in the recent volume by Wagreich and Neubauer.[2] But it is his lesser-known work on urban anthropogenic ground that will be focused on here.[3] It is only today, in the context of the debate about the stratigraphic basis of the Anthropocene,[4] that the significance of this aspect of his work is being realized.

He called the anthropogenically modified ground found beneath Vienna the *Schuttdecke*, or "rubble blanket." "Rubble" is perhaps not a completely accurate term to use, because the deposit consists of urban soils that contain other things, as well as quantities of demolition rubble and occupation debris. It is by no means all rubble, and there is significant organic matter within it. Suess himself describes it as a mixture of local clays and sands mixed with stone and brick rubble, with many artifact inclusions, up to thirty-four feet or even thicker from top to base.[5] But we will retain the "rubble blanket" term, as it helps to distinguish the anthropogenically modified deposits from the layers of mainly geologic or natural origin to be found directly below. Later in this paper we will elaborate further on the nature of that difference.

For now, it is worth noting that the present buildings of the University of Applied Arts, where the *Humans Make Nature* conference was held, are located on top of the rubble layer described by Suess. This means that all the students, researchers, teachers, and other workers in the university inhabit architectural spaces that are several meters higher than would be the case if the layer were not there. The Schuttdecke constitutes part of the platform or constituted ground of the building in which they live and work. Everything that gets thought about or discussed or created within the university buildings is partly contingent on it. That applies to the proceedings of the conference itself, which was likewise ultimately grounded on the rubble blanket.

So what is the relationship between the idea of the archaeosphere and that of the Schuttdecke as described by Suess? There is a clear historical connection. Through complex webs of influence and the transmission and development of ideas over the past 150 years, the former can be said to be at least partly derived from the latter. But the two terms are not exactly equivalent, for it is now recognized that anthropogenic ground consists of more than just urban soils and occupation debris. At the edges of urban and suburban areas it intermeshes with cultivation soils, industrial-waste dumps, quarries, landfills, earthworks, spoil heaps, and other types of humanly modified ground. The archaeosphere is taken to encompass all these, including urban deposits, apprehending them in their totality as a unified composite entity on a near-global scale.[6]

[1]   Matt Edgeworth, Daniel D. Richter, Colin N. Waters, Peter Haff, Cath Neal, and Simon Price, "Diachronous Beginnings of the Anthropocene: The Lower Bounding Surface of Anthropogenic Deposits," *Anthropocene Review* 2, no. 1 (April 2015): 33–58.

[2]   *Austrian Journal of Earth Sciences* 107, no. 1, "The Face of the Earth Revisited," ed. Michael Wagreich and Franz Neubauer (Vienna: 2014).

[3]   Eduard Suess, *Der Boden der Stadt Wien nach seiner Bildungsweise, Beschaffenheit und seinen Beziehungen zum bürgerlichen Leben. Eine geologische Studie* (Vienna: Wilhelm Braumüller, 1862).

[4]   See Colin N. Waters et al., "The Anthropocene Is Functionally and Stratigraphically Distinct from the Holocene," *Science* 351, no. 6269 (January 8, 2016), http://science.sciencemag.org/content/351/6269 aad2622; and Colin N. Waters, Jan A. Zalasiewicz, Mark Williams, Michael A. Ellis, and Andrea M. Snelling, eds., *A Stratigraphical Basis for the Anthropocene* (London: Geological Society, 2014).

[5]   Suess, 89. Austria had "Wiener Fuß" of 31.61 cm.

[6]   Matt Edgeworth, "The Relationship Between Archaeological Stratigraphy and Artificial Ground and Its Significance in the Anthropocene," in Waters et al., *A Stratigraphical Basis for the Anthropocene*, 91–108.

But the concept of the archaeosphere can still be traced back to its conceptual roots in Suess's mapping of the Schuttdecke. In an intellectual sense, Vienna is ancestral ground. That is why it was such a privilege to give this lecture in Vienna, on top of the very ground the lecture was partially about, standing directly above one of the original material sources of the ideas presented.

The Third Ground

There was a third ground that played a major part in the conference proceedings, interposed between the other two. By rights it should be included in this account. In preparation for the Round Table, the floor of the room in the Department of Site-Specific Art had been tiled with a polystyrene-like or soft plastic material. The surface was just hard enough to support the weight of the assembled gathering yet soft enough to record our footprints.

At first the floor made us strangely aware of our movements around the room, and aware also of the floor itself. There was something unfamiliar about its texture underfoot and the way it sank a little with each tread. It had an uncanny clinginess to it, and it made a slight squeaking noise when one turned or changed direction while walking. It was like traversing a surface of deep snow with snowshoes on, not sinking in because one's body weight is distributed. Chair legs, on the other hand, tended to go straight through, punching holes as soon as the concentrated weight of a person bore down via four thin points. Despite its initial calls on our attention, however, the floor inevitably faded into the background as we got more familiar with moving around on it, and as we became more absorbed in following the subjects under discussion (see p. 4-7, 125-27, 131).

All participants in the conference contributed to the making of this third ground as a work of art, and the formation of its rich textural patterning. There was apparent depth to its two-dimensional surface—palimpsests of footprint on footprint on footprint, all at different angles. Here, too, were tracks that could be followed along on more linear paths, though the act of following them unavoidably involved adding one's own tracks, superimposed onto earlier ones in clear stratigraphic sequences.

In focusing on the floor, one inevitably became fascinated with the marks one's own feet were leaving. It was hard to consider the patterns on the floor from a detached point of

view, since as observers we were manifestly making some of
the very marks under observation. No sequence of prints was so
deeply layered that one could not add one's own print on top of
it. Here perhaps is a direct parallel to the "footprint" or "imprint"
of human beings on the surface of the earth. Anthropogenic
ground constitutes more than just a record of past human action;
it also records and is shaped by our own actions in the present.
A wholly objective scientific appraisal from a detached point of
view is practically impossible to achieve, since we ourselves are
agents in the formation of this ground. And what we do now will
determine the form it takes in the future. This is surely one of
the key insights of the Anthropocene age, just as applicable to
consideration of global climate change as to accumulation of anthropogenic strata. While helping to illuminate Anthropocene issues
in interesting ways, the polystyrene floor had its own unique
characteristics, and there are limits to how far the comparison with
actual anthropogenic ground can go. Successive layers of human
impact were visible on the same two-dimensional surface, as
on the walls of Lascaux and other prehistoric decorated caves, but
quite unlike occluding patterns of accumulating layers in the
ground. The stratigraphic sequence was self-disclosing. There
was no blanket-like covering over of underlying layers, except in
the obvious sense that the polystyrene tiles covered the floor
beneath. The crucial third dimension of depth (actual depth rather
than apparent depth) was missing.

Expansion of the Schuttdecke

As the ultimate ground in this location, on top of which the life
of the city of Vienna is elevated and supported, let us explore
the Schuttdecke further and in greater detail. In the introductory
section it was spoken of mainly as a conceptual entity. But of
course it is much more than just an idea, more than just an abstract
concept. First and foremost it is a material entity, itself growing
and changing in form through time. One of the maps Suess made
of it is shown in figure 1.

The Schuttdecke has been accumulating at least since
Roman times, and many artifacts of Roman date can be found in
its lower levels. Parts of it were formed in medieval and post-
medieval times, and it continues to form today. It never stopped
growing. Since Suess mapped it in 1862, the Schuttdecke has

enlarged both laterally and vertically. The defensive ramparts and ditches that once marked the city outlines were overlaid by the Ringstrasse and its boulevards, palaces, parks, and gardens in the late nineteenth century. Part of the Wienfluss river was enclosed and buried, yet still flows within the enlarging mass. As the city expanded beyond the Ringstrasse so did the rubble layer beneath it, the platform on which it was based, extending in relatively shallow form beneath the many outlying districts outside the historic core, intermeshing with anthropogenic ground created by regulation of the Danube. Embedded within this spreading ground are extensive networks of sewers, service trenches, pipes, plastic-coated wires, fiber-optic cables, and other subterranean urban infrastructure. The rubble blanket now extends far beyond the limits of the old city of Vienna. Thus a very different picture of the Schuttdecke would emerge if it were mapped today.

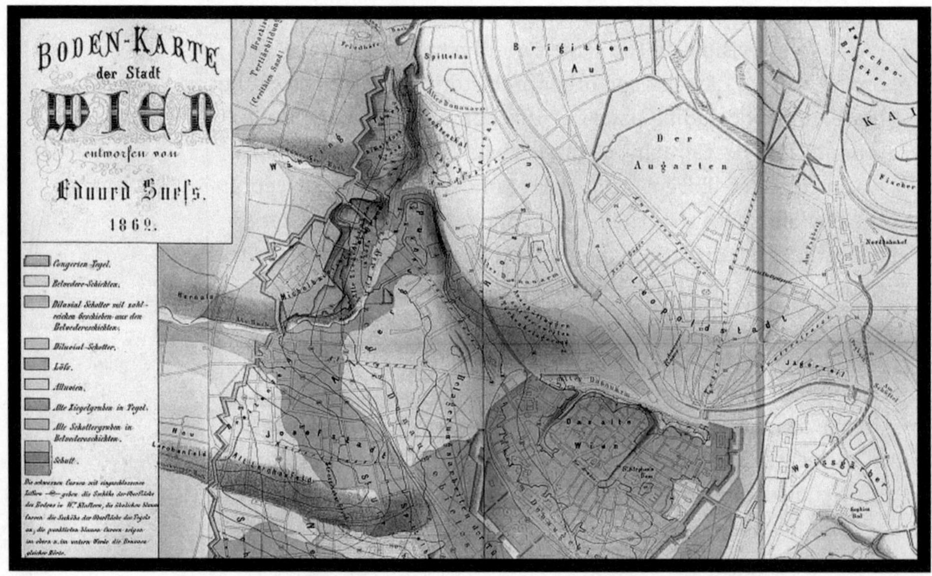

1   Map of the Schuttdecke, from Eduard Suess, *Der Boden der Stadt Wien*, 1862
Lithography: F. Köke, 54 x 46 cm

What Suess's map depicts, then, is not a static entity that has remained the same in the century and a half since it was surveyed. Rather, the map provides a snapshot in time of a time-transgressive and shape-shifting entity that continues to grow and coalesce into ever-larger configurations at accelerating rates.

In figure 2, a small part of the Schuttdecke is drawn in vertical section. It is the top layer, immediately underneath the buildings, and also the rubble-filled moat of the city, backfilled shortly before Suess did his survey. No scale is provided by Suess, but from the height of the buildings the vertical thickness of the Schuttdecke at this location can be estimated to vary from four to eight meters on the right-hand side to eighteen to twenty on the left, where the side and base of the moat have cut down deep into the Pleistocene gravels below.

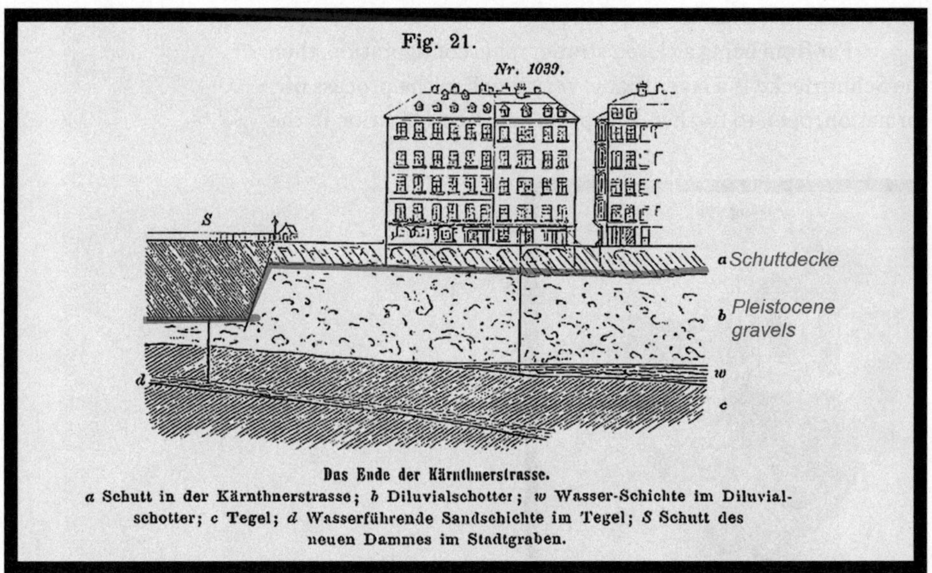

2   Eduard Suess, Vertical section through part of the Schuttdecke, from Suess, *Der Boden der Stadt Wien*, 1862, 181. Highlighting of the lower boundary (Boundary A) has been added

Suess remarked that a detailed account of the Schuttdecke would reveal the whole poignant history of Vienna.[7] He recognized that it had complex internal patterning to it and that it was far from being just undifferentiated rubble, as the name he gave to it might imply. Indeed, since his time archaeologists have developed sophisticated methods for making sense of such deposits. But while the Schuttdecke is actually composed of a multiplicity of layers, cuts, lenses, spreads, floors, and structures—each of which could be studied in its own right or as part of discrete stratigraphic sequences of deposits within the greater mass of material—this paper will follow Suess in focusing on the Schuttdecke in its totality, as a single stratigraphic entity.

Importantly, Suess did not fall into the trap of regarding it as a mere record, only to do with the past. On the contrary, he saw it as just as much part of the present, subject to being transformed and recycled—for example, by the digging of quarries for building materials (figure 3).

Far from being a closed stratigraphic configuration, then, the Schuttdecke is a layer that is very much in the process of formation, open to further disruption and reconstitution in the

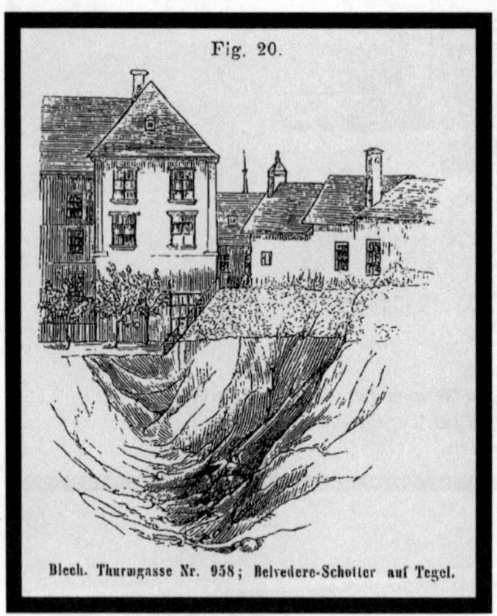

3   Drawing of quarrying for building stone, or recycling of Schuttdecke materials, from Suess *Der Boden der Stadt Wien*, 1862, 236

future—its final form uncertain. As yet it has no upper boundary, for it merges above with the working infrastructure, inhab-
ited buildings, material flows, and utilized surfaces of the vibrant
living city of Vienna. Its lower boundary is liable to be recut in
places, as it has been many times in the past. If the quarry in figure 3 is deeper than the Schuttdecke, for instance, its base will
cut down into the natural layers below and thus reconfigure the
lower boundary of humanly modified ground, changing its date
at that point. The implication of this, and of all the other cuts
and truncations that have taken place, is that the lower bounding surface of the Schuttdecke is diachronous, varying in date
from one place to another along its surface. In some places it will
be Roman or medieval in date. In other places, where features
were dug that cut through those earlier deposits in the time of
Suess, it can be assigned to the mid-nineteenth century, on the
basis of the dateable artifacts found in the fills directly above.
A large proportion of it is now of twentieth-century origin, where
subways, underground car parks, basements of buildings, and
service trenches have penetrated deep into the ground, or where
the city has expanded far beyond the historic core, generating
new layers of Schuttdecke beneath its urban sprawl.

    Just as the quarry drawn by Suess changes the stratigra-
phic configuration, so, too, does the excavation of an archaeological trench or the drilling of a geologic borehole. Cuts and
fills of these survive as archaeological features in the ground in
their own right. Like the sets of footprints overlying other footprints in the polystyrene floor, the practices of scientific investigation cannot but leave distinctive traces in the stratigraphic
formations being investigated and recorded. Scientists are agents
in its formation, too. Material traces of boreholes that Seuss
used in his study of urban geology are still there in the ground
(indeed, because he was a civil engineer as well as a geologist he
massively transformed the Viennese ground in other ways, too).
The study of anthropogenically modified ground necessarily
entails at least partial transformation of it in the very process
of investigation.

[7]   Suess, 89.

Distinctive Characteristics of the Schuttdecke

What is distinctive about the rubble layer that attracted the interest of Suess and impelled him to record it? In his characteristic style of writing, he did not go in for long theoretical discussions. As Şengör notes,[8] Suess's way of doing things was to report in fairly matter-of-fact fashion on a multiplicity of regional or local findings, leaving it to the reader to make crucial linkages and to build up the bigger picture from the detail provided. The fact that Suess mapped the Schuttdecke as a discrete stratigraphic entity reveals the considerable significance it must have had in his eyes, but this was perhaps so obvious to him that he did not think it necessary to elucidate further. Here, however, we will explicitly state the main areas of significance in terms of the current debate on the stratigraphic basis of the Anthropocene.

The first point to note is that the Schuttdecke has a lower boundary—a material surface or interface where there is anthropogenic material above and non-anthropogenic material below (refer back to figure 2). Importantly, this is a real material entity, not merely a conceptual one. It is at once the upper surface of unmodified geologic deposits, the lower surface of anthropogenic ground, and the interface between them—similar to what archaeologists call "the surface of the natural." As already noted, it is a diachronous boundary, changing in date from one place to another. It may be diffuse or difficult to find in places. It is time-transgressive in the sense that it has been subject to extensive recutting in the past and will be subject to further truncation in the future. But Suess is confident enough to draw it in section as a clear and unambiguous lower boundary.

The second point to note is the marked difference between the kind of assemblages to be found above and below the boundary. The rubble layer above is described as "local clays and sands mixed with brick fragments, broken glass, coins, clay jars, bones of humans and domestic animals … even bits of telegraph wire."[9] The sheer variety of artifacts found within the Schuttdecke stands in marked contrast to the almost complete

[8]   Ali Mehmet Celâl Şengör, "Eduard Suess and Global Tectonics: An Illustrated 'Short Guide,'" in Wagreich and Neubauer, "The Face of the Earth Revisited," 17.

[9]   Suess, 89.

absence of artifacts in the underlying Pleistocene gravel (perhaps the odd flint flake or tool, but mostly these gravels are artifact-free). Of particular interest among the objects listed are the abundant fragments of brick, glass, and ceramics. These are all "novel materials," unprecedented in earlier geologic strata.

Also of interest are the domesticated animal bones noted by Suess. Within geologic layers dating back hundreds of millions of years there are abundant remains of biological organisms, but the morphology of these has arisen solely as the result of processes of natural selection. In the case of remains of domesticated animals and plants found in the rubble layer, however, their morphology has been subject to a combination of natural and human selective forces. This is something new—a biostratigraphic signal of great significance. The sudden appearance of domesticated animals and plants in the geologic record points to new hybrid evolutionary forces at work in the biosphere (another concept originated by Suess), and arguably a fundamental shift in earth systems as a whole. The fact that this biostratigraphic marker occurs in conjunction with an actual material-boundary interface, the lower bounding surface of the Schuttdecke in this case, makes it doubly significant in stratigraphic terms.

The essential stratigraphic relations can be abstracted out of the specific local situation and represented diagrammatically as in figure 4:

HUMANLY MODIFIED DEPOSITS		
Abundance and diverse range of artefacts	Remains of animal and plants, some of which have been subject to forces of artifical selection alongside those of natural selection	Novel materials that are unprecedented in other geologic strata (such as ceramics, brick, glass, etc.)
MATERIAL INTERFACE	Upper surface of unmodified deposits Lower surface of humanly modified deposits	
Almost complete absence of artefacts	Remains of animal and plants, the morphology of which was subject to forces of natural selection, but not to forces of artificial selection	No novel materials of any description
UNMODIFIED GEOLOGIC DEPOSITS		

4   Schematic diagram of the stratigraphic and biostratigraphic relations pertaining to the lower boundary of the archaeosphere, including the Schuttdecke

This set of stratigraphic relations, crucially, is not unique to Vienna. The diagram could be taken as broadly representative of the lower boundary of modern landfill deposits in Iran or Brazil (though the range of artifacts and the number of novel materials have increased), Neolithic tell sites in Syria or Hungary (though the range of artifacts and the number of novel materials are reduced), cultivation soils in China or the English midlands (though distribution of artifact and novel material is not so concentrated in such deposits), urban strata of various dates beneath the cities of Chicago, Beijing, Mexico City, Sydney, Addis Ababa, Hong Kong, Berlin, and Mumbai, and other types of anthropogenic ground. Natural deposits underlying the boundary will be different in each case; archaeological deposits above the boundary will likewise vary in character, date, and mode of formation. The boundary itself will vary from being clear and clean-cut to diffuse. In places it takes the form of an unconformity or cut, and in other places it is a depositional surface. But the essential relations depicted in figure 4 will remain more or less the same.

In other words, the Schuttdecke is a local variant of the archaeosphere. Its lower boundary is likewise a local variant of Boundary A, the archaeosphere's lower bounding surface—the characteristics of which have been explored in detail elsewhere.[10]

Conclusion

Archaeologists tend to focus on the detail of complex stratigraphic configurations within urban anthropogenic ground. Most of our work takes place on the scale of individual trenches or sites, and once engaged in excavation we often forget to lift our heads up out of the trench to see the wider picture. It was the achievement of Suess to grasp the urban ground of Vienna in something like its entirety—to envisage it on the scale of the city as a whole. This paper asks the reader to make a further leap in imagination and a corresponding shift in scales of analysis. It is not just the expanding, shape-shifting, and time-transgressive Schuttdecke that must be envisaged but also the larger composite entity of which it in turn is a part—the archaeosphere. The Schuttdecke is actually only one of the archaeosphere's numerous component parts, many of which are growing and expanding in similar fashion. These are coalescing, merging, and intermeshing

with one another, covering ever-larger areas of earth's land surfaces, with lower boundaries joining together in places to become
coterminous. Thus the archaeosphere is itself expanding at
accelerating rates, on an almost unimaginable scale, with the
Schuttdecke as just a relatively tiny local subset of it.

How can the rapidly accelerating growth of this multi-
scalar stratigraphic entity be grasped—intellectually, scien-
tifically, artistically? Existing categories of archaeological and
geologic thought, along with scales of analysis deployed, are
radically challenged by the stratigraphic phenomena we are
observing today, and will surely have to change to accommodate
it. Some change might come from reexamining half-forgotten
perspectives buried within the intellectual ground of our own
disciplines, such as the ancestral notion of the Schuttdecke. But
other disciplines, including the arts, have equally important
parts to play, and it is interesting to note how strata are pushing
through into artistic production to become the focus of numerous
recent works and exhibitions. It is almost as though anthropogenic ground (in the sense of an enlarging material entity that
exerts forces and has real ecological effects) is forming the intellectual ground for new kinds of questions to be asked, new kinds
of multidisciplinary practice, and new fields to come into being.

[10]   Edgeworth et al., "Diachronous Beginnings of the
Anthropocene."

Heather Davis*
Plastic Geology**

* Heather Davis is currently a postdoctoral fellow at the Institute for the Arts and Humanities at Pennsylvania State University. Her work traces the ethology of plastic and its links to petrocapitalism. She completed her Ph.D. at Concordia University in 2011 on the intersection of community-based art, relational subjectivity, and ecology. She has been a visiting scholar in UCLA's Experimental Critical Theory Program, the Aesthetics and Politics Program at the California Institute of the Arts, the Hemispheric Institute of Performance and Politics at NYU, and the Department of Women's and Gender Studies at Rutgers University. She is the editor of *Art in the Anthropocene: Encounters Among Aesthetics, Politics, Environment and Epistemology* (2015) and *Desire/Change: Contemporary Feminist Art in Canada* (2016). heathermdavis.com.

** Previous versions of this text have appeared as "Life and Death in the Anthropocene: A Short History of Plastic," in *Art in the Anthropocene: Encounters Among Aesthetics, Politics, Environments and Epistemologies*, ed. Heather Davis and Etienne Turpin (London: Open Humanities Press, 2015), 347–58; and "Plastic: Accumulation Without Metabolism," in *Placing the Golden Spike: Landscapes of the Anthropocene*, ed. Dehlia Hannah and Sara Krajewski (Milwaukee: INOVA and Publication Studio, 2015), 66–73.

Our Plastic Age confronts the issue of duration. The ephemeral present of plastics is not just an instant detached from the past and the future. It is the tip of a heap of memory. [...] The present is conditioned by the accumulated traces of the past, and the future of the earth will bear the marks of our present. While the manufacture of plastics destroys the archives of life on the earth, its waste will constitute the archives of the twentieth century and beyond.

Bernadette Bensaude-Vincent[1]

Plastic is one material that scientists are currently considering as a "golden spike" for the Anthropocene.[2] Plastic is a useful indicator, as all the plastic that has ever been created since its first appearance is still somewhere on the planet. The first synthetic polymer, Bakelite, was created in 1907 and patented in 1909 by Leo Baekeland. It was invented to fill consumer demand for items that were becoming more and more difficult to get, such as ivory and silk, as earlier pillaging of resources made these items increasingly unavailable and expensive.[3] Lauded as the material of a thousand uses, plastic became the cheap alternative, the perfect substance for a burgeoning commodity society that would emerge full force in the postwar era. Even when the category of what we now think of as plastics was still in formation, its nature was more "commercial than scientific," as Jeffrey Meikle argues in his illuminating and far-reaching cultural history, *American Plastic*.[4] In other words, the invention and proliferation of plastics were driven less by a need to develop new technologies, such as medical or warfare applications (although World War II boosted the use of plastics greatly), than by a desire to simply replace the objects we already had—but at a price and in a quantity that helped to instantiate a middle class defined by consumption.

Plastic created the conditions for global trade and consumerism, while these systems themselves became increasingly reliant on various forms of plastic. As Andrea Westermann notes in her study of PVC (or vinyl) in Germany, "Plastic packaging, in particular, facilitated mass consumption. [...] The new ways of handling and distributing commodities in retail and wholesale were not only based on plastic containers and plastic bags, but also required an improved stackability of goods, achieved by material innovations like shrink-wrap."[5] Indeed, the infrastructure and speed of advanced capitalism, and the fantasy of unending economic growth fueled by extractivist policies and mass consumerism, depend on plastic. This explains why 280 million tons of plastic were produced worldwide in 2012, with a projected increase to 33 billion tons annually by 2050.[6]

Plastic represents the promises of modernity, the promise of sealed, perfected, clean, smooth abundance. It encapsulates the fantasy of ridding ourselves of the dirt of the world, of decay, of malfeasance. Indeed, in an early advertisement for plastic, it was said to fight the "three D's of destruction: dirt, disease and decay."[7] Plastic was marketed and understood as a way to create a barrier between oneself and the unpleasantness of the inevitable transformation of matter. As Westermann argues, "Vinyl's plasticity and its chemical creation captured what high modernity expected from technology at large: a world freed from the material restrictions that nature traditionally imposed on humanity. By implication, we would also have a world freed of scarcity, a world of plenty."[8] Plastic represents a shiny new world, one that removes people from the cycles of life and death, one that supersedes the troublesome, leaky, amorphous, and porous demands of our ancestors, our bodies, and the earth. Ridding ourselves of the demands of the earth seemed to promise a world of prosperity through scientific control. In 1941, chemist Victor Emmanuel Yarsley and research manager of B. X. Plastics Edward Gordon Couzens wrote about this plastic future: " 'Plastic Man['] will come into a world of colour and bright shining surfaces. [...] He is surrounded on every side by this tough, safe, clean material which human thought has created. [...] We shall see growing up around us a new, brighter, cleaner and more beautiful world, an environment not subject to the haphazard distribution of nations' resources but built to order, the perfect expression of the new spirit of planned scientific control, the Plastics Age."[9]

This idealist dream, or dream of transcendental idealism, represents the apex of the Cartesian split, as matter itself is dictated and rearranged by the human mind. Planned scientific control envisions this clean, smooth world, sealed off from the outside—including not just the barriers of a hazmat suit or the miracles of Tyvek house wrap but the manipulated and rebuilt

[1]   Bernadette Bensaude-Vincent, "Plastics, Materials and Dreams of Dematerialization," in *Accumulation: The Material Politics of Plastic*, ed. Jennifer Gabrys, Gay Hawkins, and Mike Michael (London: Routledge, 2013), 24.

[2]   Andrew Revkin, "Researchers Propose Earth's 'Anthropocene' Age of Humans Began with Fallout and Plastics," *New York Times*, January 15, 2015. http://dotearth.blogs.nytimes.com/2015/01/15/researchers-propose-earths-anthropocene-age-of-humans-began-with-fallout-and-plastics

[3]   Jeffrey L. Meikle, *American Plastic: A Cultural History* (New Brunswick, NJ: Rutgers University Press, 1995), 26.

[4]   Ibid., 5.

[5]   Andrea Westermann, "The Material Politics of Vinyl: How the State, Industry and Citizens Created and Transformed West Germany's Consumer Democracy," in Gabrys, Hawkins, and Michael, *Accumulation*, 76–77.

[6]   Chelsea Rochman, Mark Anthony Browne, Benjamin S. Halpern, et al., "Policy: Classify Plastic Waste as Hazardous," *Nature* 494, no. 7,436 (February 14, 2013): 169–71.

[7]   E. I. du Pont de Nemours and Company, "Cavalcade of American Television Commercials on Film," 1952–57.

[8]   Westermann, "The Material Politics of Vinyl," 69.

[9]   Victor Emmanuel Yarsley and Edward Gordon Couzens, *Plastics* (Harmondsworth, UK: Penguin, 1941), 149–52.

basic building blocks of matter. As Bernadette Bensaude-Vincent writes: "Matter came to be presented as a malleable and docile partner of creation—a kind of Play-Doh in the hands of the clever designer who informs matter with intelligence and intentionality. Just like the *demiurgos* in Plato's *Timaeus*, the material engineer can impose forms on a passive, malleable *chora*."[10] This dream of the ultimate passivity of nature, pliable to the will and whim of the modern subject, has had horrifying implications.

There is a clear division, in the geologic record, between the dates before plastic and after plastic. For plastic easily disperses, breaks apart, and we spend a huge amount of energy to contain plastic "elsewhere," but plastic does not go away. It does not biodegrade. That is, it does not turn into something else. So all the plastic that has ever been made, from take-out containers to nylons to IV bags, is rapidly composing a new kind of geologic

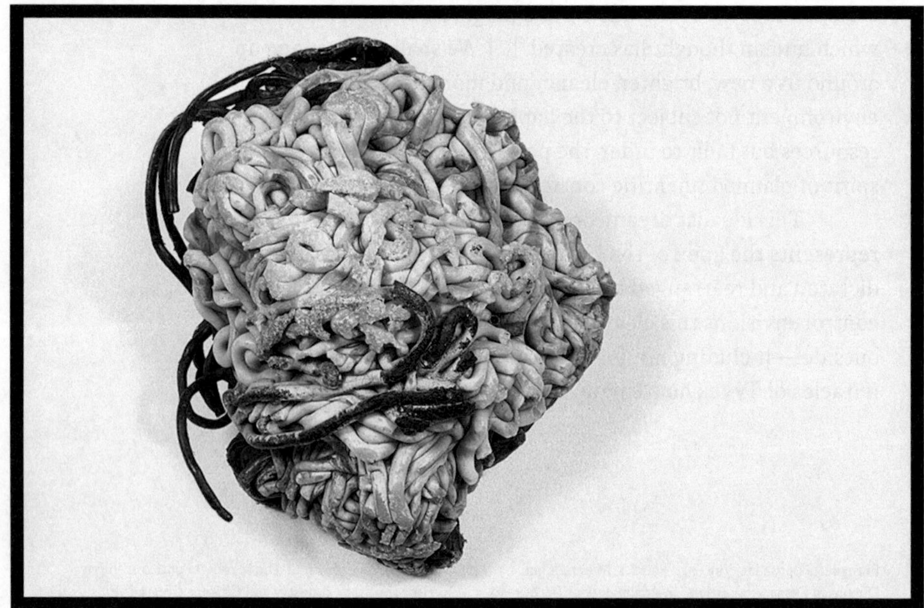

1   Kelly Jazvac, *Plastiglomerate Samples*, 2013; Plastic and beach sediment, including sand, basalt rock, wood, and coral. These found-object artworks are the results of a collaboration between Jazvac, geologist Patricia Corcoran, and oceanographer Charles Moore
Photo: Jeff Elstone; kellyjazvac.com

layer on the earth. Chemical engineer Anthony Andrady, a world expert on plastics, puts the life span of plastic at about one hundred thousand years—but no one really knows how long this new material will persist.[11] What is particularly interesting about this date is that it indicates an evolutionary movement, rather than something innate to the polymers themselves. In other words, the figure of ten or one hundred thousand years, which we sometimes name as the length of time it would take for plastic to biodegrade, is rather the projected evolutionary time span for an organism to appear that can successfully metabolize plastic. There is some speculation that certain forms of bacteria and meal-worms do this presently, under particular circumstances, but these organisms are not widespread.[12] So we wait for evolution-ary time to catch up to the petrochemical industry.

Plastic's geology is also expressed as a new form of rock. The Geological Society of America has approved the name "plastiglomerate"[13] to describe a "hybrid" material resulting from the fusion of plastic debris with natural materials such as lava, wood, metal, sand, and marine corals. "Plastiglomerate" refers to an "indurated, multi-composite material made hard by agglutina-tion of rock and molten plastic. This material is subdivided into an in situ type, in which plastic is adhered to rock outcrops, and a clastic type, in which combinations of basalt, coral, shells, and local woody debris are cemented with grains of sand in a plastic matrix."[13] Plastic becomes rock when it melts and then either attaches itself to existing rock formations or mixes with debris. Once hardened, the plastic will endure, literalizing its geo-logic status. Plastic, here, is literally becoming-rock.

But there is a fundamental difference between rock—rock that is the foundation of the earth—and plastic. When we

[10] Bernadette Bensaude-Vincent, "Plastics, Materials and Dreams of Dematerialization," in Gabrys, Hawkins, and Michael, *Accumulation*, 22.

[11] See Alan Weisman, "Polymers Are Forever," *Orion* 26, no. 3 (May–June 2007): 16.

[12] Jun Yang, Yu Yang, Wei-Min Wu, Jiao Zhao, and Lei Jiang, "Evidence of Polyethylene Biodegradation by Bacterial Strains from the Guts of Plastic-Eating Waxworms," *Environmental Science and Technology* 48, no. 23 (November 10, 2014): 13,776–84; Yu Yang, Jun Yang, Wei-Min Wu, et al., "Biodegradation and Mineralization of Polystyrene by Plastic-Eating Mealworms: Part 1. Chemical and Physical Characterization and Isotopic Tests," *Environmental Science and Technology* 49, no. 20 (September 21, 2015): 12,080–86.

[13] Patricia Corocan, Charles J. Moore, and Kelly Jazvac, "An Anthropogenic Marker Horizon in the Future Rock Record," *GSA Today* 24, no. 6 (June 2014): 6.

point out the synthetic or "artificial" nature of something, what
we are pointing to is the way in which it develops, emerges, or
is created irrespective of its surrounding environment. Plastic
is not *of* this earth in the sense that the earth itself, particular
sites, carry memories of the creatures and activities that have
taken place on them. There is an infolding of geology, atmosphere, and organism, one that mutually coevolves and carries
with it certain memories and patterns of behavior, holding not
only the memories of the *human* creatures that occupy or pass
through a particular place but also the memories of the other
animals, plants, and geologies that mutually (in)form that place.
There is an infolding of knowledge through the circulation of
matter and energy that pass through a place. A world develops
with a particular organism, and the organism with the world.
They mutually compose and become co-constitutive of each
other. This is a kind of radical reciprocity from which an ethics
of land emerges, as Jeanette Armstrong argues,[14] or in a similar
vein what Dwayne Donald calls an "ethical relationality."[15]
These understandings of ethics articulate the ways in which
the land demands of us a reciprocal engagement, one where we
are forced to acknowledge our enmeshed and interdependent
relations. The land itself calls us to develop an ethics of radical
and reciprocal relationality.

The rapid proliferation of materials that have no relation
to any *particular* place defines the logic of the earth itself, and
the reciprocal and relational ethics that we are called on to listen
to. Even in geology, rocks bear traces, or an inscription, of their
history, determining and being determined by the activities of
the creatures that reside, pass through, live, and die within particular environments. This sense of ecology, tied to a notion of
place-making, is defied by a material such as plastic. Plastic exists
everywhere and anywhere. "Plastic," as Amanda Boetzkes and
Andrew Pendakis write in their provocative account of plastic's
relation to oil and art, "is always a 'some' or an 'any,' never a 'this'
or a 'that.' It feels infinite because it sheds every trace of parti-
cularity, every index of a located space and time."[16] It has no
birthplace, no evolutionary home, no relations to its surrounds.
It has no *Umwelt*, or world that is made in a coevolutionary
fashion, in the sense that Jakob von Uexküll articulates.[17]

This is one of the reasons we are attracted to plastic.
Aside from its practical applications, which are myriad, plastic

rids us from our obligations to the earth, to place. Plastic emerges free of historical weight, seemingly light and endlessly transformable because of the fundamentally alienated quality of its being. In the 1950s, when plastic was first becoming integrated within, and in many ways, defining, commodity capitalism, "plastic [...] was marketed as a substance that was not degraded by history or nature."[18] And in order for plastic to be a commercial success, we needed to create a use for it, or as many uses as possible, and for it to be infinitely disposable.

Plastic became synonymous with ephemerality, seeming to offer a substance without ontology precisely because of this manufactured disposability. This ontological problem is what is alluded to in its name: the ability to morph, be molded, or transform. Roland Barthes made this argument in 1957 in an essay entitled "Plastic," where he wrote, "More than a substance, plastic is the very idea of its infinite transformation; as its everyday name indicates, it is ubiquity made visible [...] it is less a thing than a trace of its movement."[19] Boetzkes and Pendakis echo this sentiment, writing that plastic defies ontological categories: "Indeed, plastic is less a substance than its antithesis, a paradigm in which substance is transformed into a way of being unmoored from the coordinates that stabilize presence and meaning."[20] The process of mooring oneself to the coordinates of presence and meaning, I would argue, is what it means to be earthbound, to form and to be informed by enmeshed relations to mineral, animals, water, air, to processes of change, transformation, and metabolization. Plastic instead is a surface, that which, despite insinuating itself into the geologic layer, remains separated from the earth. Plastic is designed to be all surface, all the way

[14]   Keynote address, Association for Literature, Environment, and Culture in Canada Conference, August 7, 2014.

[15]   Dwayne Donald, "Forts, Curriculum, and Ethical Relationality," in *Reconsidering Canadian Curriculum Studies: Provoking Historical, Present and Future Perspectives*, ed. Nicholas Ng-A-Fook and Jennifer Rottman (New York: Palgrave Macmillan, 2012), 39–46.

[16]   Amanda Boetzkes and Andrew Pendakis, "Visions of Eternity: Plastic and the Ontology of Oil," *e-flux journal*, no. 47 (September 2013): 2.

[17]   See Jakob von Uexküll, *A Foray into the Worlds of Animals and Humans* (Minneapolis: University of Minnesota Press, 2010).

[18]   Esther Leslie, *Synthetic Worlds: Nature, Art and the Chemical Industry* (London: Reaktion Books, 2005), 14.

[19]   Roland Barthes, *Mythologies* (New York: Noonday Press, 1972), 97.

[20]   Boetzkes and Pendakis, "Visions of Eternity," 1.

through, with no variation, no history. We use it so widely because it can become anything, infinitely transformable and manipulable by the wills and whims of human invention. Plastic removes itself from a standard ontological category because it, by design and of necessity, is universal. It becomes universal as it is abstracted from the earth. As Esther Leslie writes in a brilliant book on artifice, nature, and the chemical industry, "Time's dominion was to be cracked [...] through the accelerating power of chemical reaction—modern magic consists in the short-circuiting of natural process. [...] In time, technology remakes time itself, removing it from natural rhythms to an abstract universal."[21]

Plastic cracks time. Compressed and recomposed, it exists outside the cycles of life and death, an undead time that has an existence only akin to the geologic. Rather than assuming the slippage of an ontological category through the figure of plastic, perhaps it would be more productive to think of plastic as possessing a kind of geontology. This is the trick of plastic: appearing in its universalized materiality, it represents a stiff ontology, an ontological formation that seems to take itself too seriously, a stubborn being that refuses to go away. If we follow the life cycle of plastic, it leads not to an ephemeral non-ontological force, but to an all too material and materialized set of implications for multiple beings, humans and nonhumans alike, in the world.

Plastic represents the fundamental logic of finitude, carrying the horrifying implications of the inability to decompose, to enter back into systems of decay and regrowth. In our quest to escape death, we have created systems of real finitude that mean the extinguishment of many forms of life. I take the concepts of finitude and extinguishment from Elizabeth Povinelli's forthcoming book *Geontologies: A Requiem to Late Liberalism*.[22] Povinelli uses finitude to represent a Western metaphysics of understanding death as the end of a carbon-based life-form. Finitude represents the drama of existence played out in relationship to the teleological orientation of time toward our own end: a one-way trajectory from birth to growth to death, focused on the individual. Jean Baudrillard remarks that as we are increasingly "plunged by chance into an abnormal uncertainty, we have responded with an excess of causality and finality."[23] This drama of finitude is intimately tied to our notions of existence, as an individual and as a species, and is seen explicitly in some current narrations of apocalypse tied to the Anthropocene.

The Anthropocene, by relying on the often-cited and problematic use of the *anthropos*, seems to fulfill this narrative teleology by advancing a notion of the human as the masculinist technological agent doomed to bring about humanity's own end. What is troubling in this scenario is both the logic of finitude that it proposes—that there will be a clear, clean, and defined end, rather than the much more probable scenario of ongoing devastation, species extinction, and mutation toward a future that will become increasingly toxic but otherwise difficult to predict—and that Man will finally burn through his own glory.

This undifferentiated drama of the end is evidenced in Benjamin Bratton's explication of what he calls the "post-Anthropocenic";[24] it is also seen in a more sinister form in those who embrace the current conditions as an opportunity to promote unfettered growth. And there are the kinds of politics associated with what Clive Hamilton has identified as the "good Anthropocene." He writes, "A new breed of ecopragmatists welcomed the epoch as an opportunity. They have gathered around the Breakthrough Institute, a 'neogreen' think tank founded by Michael Shellenberger and Ted Nordhaus, the authors of a controversial 2004 paper, 'The Death of Environmentalism.'[25] They do not deny global warming; instead they skate over the top of it, insisting that whatever limits and tipping points the earth system might throw up, human technology and ingenuity will transcend them."[26]

This techno-utopianism is precisely the kind of logic deployed to divorce us from the conditions of being earthbound

[21] Leslie, *Synthetic Worlds*, 9.

[22] For notes and talks that relate to this argument in her upcoming book, see Elizabeth Povinelli, "Geontologies of the Otherwise," *Cultural Anthropology*, January 13, 2014, http://culanth.org/fieldsights/465-geontologies-of-the-otherwise; Povinelli, keynote address, presented at "The Anthropocene Project: An Opening," Berlin, January 20, 2013, http://youtube.com/watch?v=W6TLlgTg3LQ; Povinelli, "Geontologies: Being, Belonging and Obligating as Forms of Truth," talk presented at the Northern Institute, Charles Darwin University, Darwin, Australia, October 1, 2013, http://youtube.com/watch?v=oRcEydtnM3w

[23] Jean Baudrillard, *Fatal Strategies: The Crystal Revenge* (New York: Semiotext[e], 1990), 12.

[24] For an elaboration of Bratton's argument, and his particularly troubling assertion of accelerationism, see Benjamin Bratton, "Some Trace Effects of the Post-Anthropocene: On Accelerationist Geopolitical Aesthetics," *e-flux journal*, no. 46 (June 2013), http://e-flux.com/journal/some-trace-effects-of-the-post-anthropocene-on-accelerationist-geopolitical-aesthetics

[25] Ted Nordhaus, Michael Shellenberger, *Break Through: From the Death of Environmentalism to the Politics of Possibility* (Boston: Houghton Mifflin 2007).

[26] Clive Hamilton, "The New Environmentalism Will Lead Us to Disaster," *Scientific American*, June 19, 2014, http://scientificamerican.com/article/the-new-environmentalism-will-lead-us-to-disaster

creatures in the first place. It is interested only in the extension of a particular way of life, and the individuals who benefit from it, instead of understanding the cyclical, processual, and transformative nature of life itself. The reign of death spread through our naïveté in believing that we could control and dominate earth systems should be enough to dissuade us from pursuing this path any further.

As an alternative framework to finitude, Povinelli asserts extinguishment, which recognizes that things live and die, recomposing in a different form, but without the drama of *the end*. Particular configurations of matter, politics, ideas, and organisms obviously cease to exist, while others come into being. However, extinguishment abandons the teleological impulse by recognizing the circularity and fecundity of living systems. *This* civilization may die, but within that death is the possibility for a reconfiguration of what may be left. Humanity will most certainly die off, and it wouldn't be a great surprise if that happened in the relatively near future, but that doesn't mean the species won't evolve or mutate, or that our descendants, even if primarily bacterial, won't inherit the world we leave behind. It is these questions of inheritance, and the sense of obligation and responsibility to a future, however bleak, that apocalypse or the "end of Man" too easily rids us of. With the concept of extinguishment comes an acknowledgement of biological, technological, and social limits, but without the drama that would have those neatly encapsulated into a clean break. The framework of extinguishment then recognizes the fact that plastic is killing off *particular* worlds through its proliferation, even as plastic itself remains a materialization of the drama of finitude, refusing to participate in the cycles of extinguishment.

Extinguishment offers another narrative framework for recognizing the horrors of species death but without seeing this as a preordained or necessary movement. It embraces both the fecundity of life and the randomness of its systems, while proposing a model within which humans can begin to take responsibility for what we have done—but without tying this to the destiny of humanity. For although, as Peter Sloterdijk reminds us, we are "condemned to being-in, even if the containers and atmospheres in which we are forced to surround ourselves can no longer be taken for granted as being good in nature,"[27] we must find ways of living without the categories and fantasies of containment, either in relation to time or in relation to matter. We must recognize the porousness of our bodies and thoughts that leach into economics and materials, that transfer our wastes across the planet and into the deep future. This entails a queer future, a future ethics that is oriented toward those creatures we are inadvertently birthing through the proliferation of plastics and through the deaths of numerous others.[28] We must learn how to develop kinship systems that do not rely on heteronormative reproduction—a reproductive system that is increasingly blocked for many species through the proliferation of endocrine disruptors that are often found in plastics. Instead, we must learn to care for a future that will be much different from the present that we currently inhabit, and this involves a cross-species kinship system that can learn much from contemporary queer culture. We must learn to accept all kinds of strange life-forms, human and nonhuman, toward which we generate care, compassion, and commitment that is not bound by biology. For the nihilistic, apocalyptic, and masculinist techno-fantasies of the future will only lead us to the continued reproduction of the social order. To acknowledge that the future will be queer, in the sense of completely disruptive, means finding a way to live with toxicity and extinction, and without the reassurance of the open horizon of the future.

We must allow for a certain doubt in our thought, one that eschews mastery in favor of the idiot, and insists on practices of slowing down, of hesitation, as Isabelle Stengers suggests in her cosmopolitical proposal.[29] It is not by neatly announcing the end of days that we can begin to change the path that we are on; even in its inevitability, we have a responsibility to account for the slow violence enacted on the poorest in the world as well as on other creatures. We must finally break free of the logic of plastic.

[27]   Peter Sloterdijk, *Terror from the Air* (Los Angeles: Semiotext[e], 2009), 108.

[28]   For more on the relation between queer theory and plastic, see Heather Davis, "Toxic Progeny: The Plastisphere and Other Queer Futures," *philoSOPHIA* 5, no. 2 (Summer 2015): 231–50.

[29]   Stengers writes: "It is a matter of imbuing political voices with the feeling that they do not master the situation they discuss, that the political arena is peopled with shadows of that which does not have a political voice, cannot have or does not want to have one. [...] The cosmopolitical proposal therefore has nothing to do with a program and far more to do with a passing fright that scares self-assurance, however justified." Isabelle Stengers, "The Cosmopolitical Proposal," in *Making Things Public: Atmospheres of Democracy*, ed. Bruno Latour and Peter Weibel (Cambridge, MA: MIT Press, 2005), 996.

Hermann Josef Painitz studierte nach einer Ausbildung zum Gold- und Silberschmied in Bern, London und Wien. Von 1977 bis 1983 war er Präsident der Wiener Secession. Sein Schaffen ist von Bildern und Plastiken geprägt, in denen er sich mit Themen wie Serie, Rhythmus, Reihe und der „Überwindung des Individuellen" mittels geometrischer Grundformen (Kreis, Quadrat) beschäftigt, sowie in weiterer Folge (seit Anfang der 1970er-Jahre) mit der bildlichen Umsetzung statistisch erfasster Daten. Seit Mitte der 1960er-Jahre regelmäßig Einzelpräsentationen sowie Beteiligungen an wichtigen Gruppenausstellungen im In- und Ausland. Seine Werke finden sich in zahlreichen Sammlungen, etwa dem Lentos Kunstmuseum Linz, dem MUSA, dem Museum Liaunig, dem Mumok, dem Belvedere und dem Wien Museum.

*

Christian Mayer lebt in Wien und beschäftigt sich in seinen Ausstellungen und Projekten mit Erinnerung, Konservierung und Wiederentdeckung. Sein Interesse gilt dabei Techniken der Umkehrung, der Verdichtung und Ausdehnung von Zeit, der gleichzeitigen Betrachtung der Dinge von zwei Seiten. Er schafft Situationen, in denen die Schönheit darin zu finden ist, wie ein Ding zum anderen führt. Ausstellungen u.a. im Mumok, Belvedere und Centrum Kultury Zamek (Poznań) und bei Kunststiftung Baden-Württemberg, Manifesta 7, Galerie Nagel Draxler, Camera Austria und Galerie Mezzanin. Er ist einer der Herausgeber einer Zeitschrift, die bei jeder Ausgabe ihren Namen ändert, je nachdem, welche Schrifttype verwendet wird. ztscrpt.net.

*

Claudia Märzendorfer studierte 1994 bis 2001 bei Bruno Gironcoli Bildhauerei an der Akademie der bildenden Künste in Wien. Sie ist Mitglied der Wiener Secession und der IG Bildende Kunst. 2014 wurde sie mit dem *Outstanding Artist Award* für bildende Kunst ausgezeichnet. 2012 zählte ihr Catalogue Raisonné, *here's to you*, zu den Schönsten Büchern Österreichs (Gestaltung: Niklaus Thönen). 2010 Staatsstipendium für bildende Kunst. 2006 war sie Artist-in-Residence bei Tesla im Podewil'schen Palais, Berlin. Letzte Einzelausstellungen: *shared space Attems*, Rhizom im Palais Attems, Graz, 2015; *Silent Running, Ersatzteile*, Vice Versa, Berlin, 2014 (Kat.); *CM Motor*, vorAnker, Anker Brotfabrik, Wien, 2014; *Als er das Messer in die Sonne warf*, Jesuitenfoyer, Wien, 2009. Projekte: *Depot Graz*, Kunstsammlung der Stadt Graz, 2016; *Wandabwicklung*, BIG, Wien, 2014; *Der Gedanke kann warten, er hat keine Zeit*, Hörspiel für Ö1, 2013; *white noise*, Stift Admont, 2008. claudiamaerzendorfer.com.

Hermann Josef Painitz trained as a goldsmith and silversmith before studying in Bern, London, and Vienna. He was president of the Vienna Secession from 1977 to 1983. Many of his pictures and sculptures explore issues such as serialism, rhythm, sequence, and the use of basic geometric shapes (circle, square) to "overcome the individual"; since the early 1970s, he has also studied ways to translate statistical data into images. His art has been widely exhibited since the mid-1960s, in solo shows as well as contributions to major group exhibitions in Austria and abroad. Painitz's works are held by numerous collections, including the Lentos Kunstmuseum Linz, MUSA, Museum Liaunig, Mumok, the Belvedere, and the Wien Museum.

*

Christian Mayer is a Vienna-based artist whose exhibitions and projects engage with questions of memory, preservation, and rediscovery. He is concerned with techniques of reversal, of the compression and dilation of time, of looking at things from both sides at once. He sets up situations in which beauty is found in the way one thing leads to another. He has presented his work at Mumok, the Belvedere, Centrum Kultury Zamek (Poznań), Kunststiftung Baden-Württemberg, Manifesta 7, Galerie Nagel Draxler, Camera Austria, Galerie Mezzanin, and other venues. Mayer is also coeditor of a magazine that appears under different names each time, depending on the font it uses. ztscrpt.net

*

Claudia Märzendorfer studied sculpture with Bruno Gironcoli at the Academy of Fine Arts Vienna from 1994 to 2001. She is a member of the Vienna Secession and IG Bildende Kunst. In 2014, she was awarded an *Outstanding Artist Award* in the visual arts category, and her catalogue raisonné *here's to you* (2012, design: Niklaus Thönen) was listed as one of the finest books made in Austria that year. She received an Austrian State Scholarship for Fine Arts in 2010, and was an artist in residence at Tesla, Podewil'sches Palais, Berlin, in 2006. Recent solo shows: *shared space Attems*, Rhizom at Palais Attems, Graz, 2015; *Silent Running, Ersatzteile*, Vice Versa, Berlin, 2014 (cat.); *CM Motor*, vorAnker, Anker Brotfabrik, Vienna, 2014; *Als er das Messer in die Sonne warf*, Jesuitenfoyer, Vienna, 2009. Projects: *Depot Graz*, Graz Municipal Art Collection, 2016; *Wandabwicklung*, BIG, Vienna, 2014; *Der Gedanke kann warten, er hat keine Zeit*, radio play, Ö1—Austrian Public Radio, 2013; *white noise*, Stift Admont, 2008. claudiamaerzendorfer.com

This book is published on the occasion of the Round Table *Humans Make Nature.*
Landscapes of the Anthropocene, May 12/13, 2015, University of Applied Arts Vienna
Department of Site-Specific Art

Editors: Gabriele Mackert, Paul Petritsch
Department of Site-Specific Art, University of Applied Arts Vienna
Project coordination: Nina Herlitschka
Graphic design: Nicole Six
Translations: Gerrit Jackson, Lisa Rosenblatt, Jeanette Pacher (German-English)
Stefan Siemsen (English-German)
Copyediting: Georgia Holz, Claudia Mazanek (German), Sam Frank (English)
Image processing: C.E.I.S.[1] & RIMAGE GENGI[2]
Printing: Holzhausen Druck GmbH, Wolkersdorf, Austria

Library of Congress Cataloging-in-Publication data
A CIP catalog record for this book has been applied for at the Library of Congress.

Bibliographic information published by the German National Library
The German National Library lists this publication in the Deutsche Nationalbibliografie;
detailed bibliographic data are available on the Internet at http://dnb.dnb.de.

Printed on acid-free paper produced from chlorine-free pulp.
Printed in Austria

ISSN 1866-248X
ISBN 978-3-11-049198-2
e-ISBN (PDF) 978-3-11-049330-6
e-ISBN (EPUB) 978-3-11-049155-5

www.degruyter.com

ALSO BY SUZAN TISDALE

The Clan MacDougall Series

Laiden's Daughter

Findley's Lass

Wee William's Woman

McKenna's Honor

The Clan MacDougall Boxed Set

The Clan Graham Series

Rowan's Lady

Frederick's Queen

The Mackintoshes and McLarens Series

Ian's Rose

The Bowie Bride

Rodrick the Bold

Brogan's Promise

The MacCulloughs

Black Richard's Heart

Lachlan's Heart

The Clan McDunnah Series

A Murmur of Providence

A Whisper of Fate

A Breath of Promise

The Clan McDunnah Boxed Set

<u>Moirra's Heart Series</u>

Stealing Moirra's Heart

Saving Moirra's Heart

<u>Stand Alone Novels</u>

<u>*Isle of the Blessed*</u>

<u>*Forever Her Champion*</u>

<u>*The Edge of Forever*</u>

<u>*In the Echo of a Kiss*</u>

The MacAllens and Randalls Series:

Secrets of the Heart

The Daughters of Moirra Dundotter Series:

Mariote

Esa

Muriale

Orabilis

<u>The Brides of the Clan MacDougall</u>

(A Sweet Series)

Aishlinn

Maggy

Nora